コネクティッドカー戦略

日系自動車メーカー
2030年、勝者の条件

ネクスティ エレクトロニクス 著

日経BP社

はじめに

　コネクティッドカーというと、皆さまはどのようなクルマをイメージされるでしょうか。スマートフォンや、クルマに搭載された専用の通信機と通信することにより、緊急通報やインフォテイメントなど、様々なテレマティクスサービスを利用できるクルマのことでしょうか。それとも、接続された大きなデータセンターにある高精度な地図情報に基づいて自動的に運転制御が行われるクルマのことでしょうか。または、クルマの状態が常にネットワーク経由でモニタリングされていて、メンテナンスが必要な場合、すぐに通知や手配が行える安全安心なクルマのことでしょうか。「外部と通信できるクルマということなのだろうが、実際に何ができるのかはよく分からない」、という方もいらっしゃるかもしれません。

　上記のうち、はじめの三つは、現時点ではすべて、コネクティッドカーといわれるものが持つべきとされている機能、特徴であると思います。しかし、4番目の「実際に何ができるのかはよく分からない」ということもまた、コネクティッドカーに関する正しい認識ではないかと思います。というのも、コネクティッドカーは現時点では様々な機能を実現しうる可能性を秘めたプラットフォームのことを指しているからです。

　クルマの内部の部品を電子化し、ネットワークでつなぐ。そして、クルマに搭載された通信機を通じ、主にはモバイル網経由で、外部にあるデータセンターと接続する。その後は、クルマの部品から取り出された情報を処理して結果をクルマに返すだけの場合もあれば、データを蓄積した後にビッグデータとして様々な分析にかけられることもあるでしょう。また、場合によってはさらに外部のクルマとは関係の

ないデータと組み合わせて、何らかのサービスを実現することもあると思われます。

　しかし、そのようなことは、現時点ではあくまで「可能性がある」という話であって、そのうちのどれがどのようなレベルで実現されるかは未知数です。つまり、これから登場する未来のコネクティッドカーにできることを「可能性」という前置きなしに、明確に説明できる人はまだ誰もいません。

　このような状況から、コネクティッドカーというキーワードは、自動運転、電動化、シェアリングエコノミーなどと並んでこれから先のクルマに起こる大きな変革の一つとされながらも、他のキーワードに比べて、技術開発やビジネスの実態が分かりにくく、ふわっとした印象が拭えません。

　そのため、これまで車載ハードのサプライチェーンを中心に成り立ってきたクルマ業界の多くの関係者にとって、コネクティッドカーはどこか自分事とは遠い。関連があるとしても、具体的なイメージが描けるものはインカーのネットワーク環境に関わる車載部品をどこまでビジネス領域とすることができるかといったことに留まり、アウトカー領域やその先にあるサービス、データ活用などといった分野は、自らのビジネスに何の関連もない事柄だと思いがちであるように思います。

　しかし、本当にそうなのでしょうか。もしかしたら、コネクティッドカーによって我々がまだ想像できていない影響を既存のクルマビジネスや、その中にいるプレイヤーに及ぼすかもしれない。私たちはその答えを求めて、このふわっとしたコネクティッドカーというキーワードについて、真面目に深堀してみる、ということを試みました。その結果、フォーカスすべきポイントは次の四つであると考えました。

　第1は、クルマメーカーにとって取り組むべき事業上の意義が、本

当はどの程度あるのだろうか、ということです。事業上の意義とは、利益創出という観点でプラスに貢献できるかどうか、またはクルマビジネスにおいて想定される将来の損失や利益率の低下を防ぐような役割を担えるのか、ということです。

第2は、もしそのような意義があるとすれば、そのときは、コネクティッドカーに関し、どのような戦略を持ってどのように進められるのか、ということです。

第3は、将来の世界において、社会や個人からコネクティッドカーにどのような価値が求められるのか、です。コネクティッドカーがいろいろな「可能性」を持った単なるプラットフォームではなく、世の中のニーズに対応した「機能」を実現できる、世の中にとって価値あるものとなるためには、世の中のニーズをしっかり理解し、そのニーズに応えるものになる必要があります。

第4は、これらのことを検討した結果を踏まえて、コネクティッドカーを作り出すとしたら、どのような作り方がなされるべきなのか、価値あるコネクティッドカーとなるために備えるべきシステム要件はどのようなものか、また技術的な面以外にはどのような準備が必要なのか、などです。

本書は、このような事柄を私たちなりのアプローチで考え、私たちなりの答えを出すに至った過程と結果を、書き綴ったものです。

アプローチの特徴は、コネクティッドカーの実現を企画面で先導しているクルマメーカーを中心に据え、あえて主観的な視点で、コネクティッドカーの構想検討を進め、外部環境分析から戦略検討、課題抽出、対策に至るまで、順に突き詰めていくような体裁をとっていることです。このようなアプローチをとった理由は、何でもできるプラットフォームとしてのコネクティッドカーではなく、クルマメーカーによって作られるコネクティッドカーがどのようなものになるのかとい

うことを導くために、クルマメーカーによるコネクティッドカーの企画を、模擬的にシミュレーションすることが最も分かりやすく、的確な答えを導けるのではないかと考えたからです。

　また、本書の構成は、企画を模擬的にシミュレーションするという意味合いを強く意識して、以下のような章立てで書き進めています。まず、0章〈導入〉と1章で、様々な将来予測をもとに、クルマメーカーにとっての外部環境となるべき要素の抽出を主に行います。具体的には、グローバルなマクロ環境としての問題点と課題、マクロ課題に対するソリューションの概要、技術の進化予測の概要と、社会・個人のライフスタイルの変化予測（2030～40年頃）などです。

　続いて2章では、まず前半に、クルマとクルマビジネスの将来に向けた変化予測から、クルマ事業を取り巻く環境を分析、クルマメーカーの今後の戦い方や、クルマ事業を継続していくうえでポイントとなることを指摘します。そして後半では、クルマメーカーにとってのチャンスといわれるモビリティー関連サービスの領域に踏み出し、利益を上げるために必要と思われる戦略を検討し、同時にその戦略の実現と将来想定されるユーザーニーズを満たすような具体的なサービスを例示します。

　さらに3章では、その戦略の実現手段として、コネクティッドカーの備えるべきシステムと作り方、さらにそれを支える体制とは、どのようなものであるべきか重要なポイントを絞って説明します。

　このように、内容は非常に広範囲の情報を含んでおり、多岐に渡ります。そのため、それぞれの要素を深く知っていただくというより、コネクティッドカーを取り巻く技術、サービス、販売、生産など様々な面について、全体感を捉えていただいた上でポイントとなる"考え方"の部分を理解いただけるような内容になっているものと思います。

　特に、1章の技術の進化予測の概要と、社会・個人のライフスタイ

ルの変化予測（2030～40年頃）の部分につきましては、「人とモノの移動に関わること」という観点から、調査的に、非常に幅広く様々な要素を拾っておりますので、色々な領域の進化イメージを垣間見ることができると思います。

　文章表現としましても、できるだけ平易な言葉で、クルマやITに関する技術やその他専門的な知識を必要とせず、誰にでも分かりやすい説明を心掛けて書き進めました。また、進行上、重要となる概念はその都度できるだけ噛み砕いた説明を挟んでおりますため、どうか肩の力を抜いていただき、気軽な心持ちで読み進めていただければと思います。

　それでは早速、「0章〈導入〉2030年頃の将来に向けた既存の動き」より、コネクティッドカー企画構想の世界へお進みください。

ネクスティ エレクトロニクス

コネクティッドカー戦略

CONTENTS

はじめに………………………………………………………………………… 3

0章〈導入〉 2030年頃の将来に向けた既存の動き ……………………………… 17

0-1 マクロ環境としての問題点と課題 ……………………………………… 18
- ■環境
- ■人口動態
- ■エネルギー
- ■食糧・水
- ■マクロ環境としての問題点と課題のまとめ

0-2 マクロ課題に対するソリューション ………………………………… 20

0-2-1 各国・地域政府の取組み ……………………………………… 20
- ■政府による取組みの概略

0-2-2 問題解決のための具体的検討テーマ …………………………… 21
- ■人とモノの移動の変化がクルマを変える

1章 技術の進化予測概要と、社会・個人のライフスタイルの変化予測 …… 25

1-1 情報技術の進化予測概要 ………………………………………… 26

1-1-1 データ主導型社会への移行 …………………………………… 26
- ■情報技術のトレンド変化の概要
- ■あらゆる情報を自動的にデジタルデータ化する
- ■効率化、全体最適、省人化
- ■データ活用は、事後分析から事前予測へ
- ■クオリティーコントロール
- ■データ主導型の社会

1-1-2 影響力の大きい分野とプレーヤー ·· 32
- ■データ主導型社会の重要プレーヤー
- ■半導体の進化と材料
- ■半導体メーカーの影響力拡大
- ■大規模データセンターの登場と大規模化を支える技術
- ■大規模データセンターを抱える企業の影響力拡大
- ■通信技術の進化
- ■ソフトウェア
- ■第4次産業革命

1-2 人とモノの移動に関わる分野の変化予測 ·· 38

1-2-1 材料、モノづくり ·· 40
- ■マスカスタマイゼーションによる変化
- ■製造生産拠点の変化と、物流に与える影響
- ■リサイクル、アーバンマイニング（都市型採掘）
- ■ハードウェアとソフトウェアの分離
- ■使用中の遠隔監視、資産価値の回復・継続的向上
- ■シェアリングビジネスとクオリティーコントロールの関連性
- ■VR・3D計測の活用によるオーダーメイド
- ■店舗のショーケース化、商品・販売員配置の最適化
- ■商業スペースのタイムシェアリングと「位置」の持つ価値

1-2-2 農業、フードビジネス ·· 47
- ■定時・定量・定品質な供給
- ■代替食品
- ■家庭での食生活の変化
- ■第6次産業、鮮度維持、宅配フードビジネスの拡大
- ■流通、物流への変化

1-2-3 教育 ··· 51
- ■スマートスクール、教育のパーソナライズ化
- ■アクティブラーニング
- ■AR・VRの教育への活用
- ■eラーニング

1-2-4 医療・介護・保育と、ライフワークバランス ···························· 54
- ■マクロ課題への対策概要
- ■地域包括ケア、地域ヘルスケアビジネス事業化プラットフォーム
- ■データ主導型の健康管理、予防医学
- ■日々の健康管理に基づく保険料の変化
- ■バーチャルホスピタル、遠隔診療
- ■医療・介護・福祉分野における人の移動に関する影響

- ■保育に関わる負担
- ■保育ステーション・サテライト保育、企業保育所
- ■サテライトオフィス、テレワーク、職住近接
- ■保育と通勤にかかわる移動の変化

1-2-5　人とモノの移動に関わる変化のまとめ ………………………… 61

2章　クルマメーカーにとってのビジネスチャンス ……………………… 63

2-1　クルマビジネスの環境変化と脅威／チャンス ……………………… 64

2-1-1　クルマメーカーを取り巻くビジネス環境の整理 ……………… 64
- ■クルマの進化に対する社会の期待

2-1-1-1　クルマのつくりとサプライチェーンの変化 …………………… 65
- ■IT業界からの期待
- ■クルマのつくりとサプライチェーンの変化①＜電子化＞
- ■クルマのつくりとサプライチェーンの変化②＜コネクティッド化＞
- ■水平分業化がもたらした部品サプライヤーの戦略変化
- ■IT企業の参入
- ■自動運転に向けた横串プレーヤーの影響力拡大

2-1-1-2　クルマに求められる価値と販売・アフターサービスの変化 ……… 69
- ■社会から求められるクルマの在り様
- ■ユーザーの価値観の変化
- ■販売（モデルミックス）の変化
- ■個人顧客と法人顧客の求める価値の違い
- ■求められるラインナップ（仕様、価格）の変化
- ■アフターサービス、保険の変化
- ■クルマを購入し続けてくれる個人ユーザー

2-1-2　クルマメーカーがおさえるべきクルマ事業のポイント ……… 75

2-1-2-1　ビジネス面 ……………………………………………………… 76
- ■事業効率性（スマイルカーブ）の変化
- ■クルマメーカーは
  クルマのサプライチェーンにおいて両端をとれている
- ■ビジネス面のポイント：
  クルマに関するエンドユーザーのデマンドを握る

2-1-2-2　技術面 ……………………………………………………………… 78
- ■メーカーにはデマンドを製品化する能力が必要
- ■自動運転は「走る」「曲がる」「止まる」の時代進化版
- ■技術面のポイント：自動運転技術を手の内化する

| 2-1-2-3 | ポイントのまとめ | 82 |

■クルマメーカーがおさえるべきクルマ事業のポイント（まとめ）

| 2-1-3 | クルマ事業にとって考えうる脅威とチャンス | 83 |
| 2-1-3-1 | クルマ事業にとって考えうる脅威 | 83 |

■脅威①IT事業者にデマンド／仕様を握られる可能性

■脅威②規制緩和によるクルマ業界のゲームチェンジ

■脅威③エンドユーザーにおける移動デマンドの低下

| 2-1-3-2 | 新たなビジネスチャンス | 86 |

■モビリティー関連サービス

| 2-1-3-3 | クルマメーカーの今後の戦い方 | 87 |

■外部・内部環境と脅威、チャンスのまとめ

■IT業界のプレーヤーの戦術

■IT業界のプレーヤーと築くべき関係性の見極め方

■①ビジネス・技術領域

■②戦略面

■適切なパートナー企業の開拓が成功のカギ

2-2	クルマメーカーがとるべきモビリティー関連サービス分野の戦略	94
2-2-1	利益を産むサービスの在り方	94
2-2-1-1	相乗効果を狙う	94

■モビリティー関連サービスの例

■モビリティー関連サービスの事業上の位置付け

■相乗効果を狙う二つの観点

| 2-2-1-2 | 相乗効果①水平と垂直の交点 | 98 |

■事業を分ける

■水平と垂直の交点①両立を促進するポイントを探す

■水平と垂直の交点②競合優位性

■水平レイヤーの選び方

| 2-2-1-3 | 相乗効果②マネーフロー | 102 |

■フロービジネスとは

■ストックビジネスとは

■クルマメーカーが狙うべきストックビジネス

| 2-2-2 | 戦略 | 106 |

■戦略と成功の条件

■主な戦術

■戦術①キラーサービスを企画し、エコシステムを早期に確実に作る

■戦術②サービスシェアを確実にとるため、クルマの数的規模を追求

■戦術③クルマの品質を死守し、サービスのパートナとして競争力を持つ

| 2-2-3 | すでにある資産（日系クルマメーカーの強み）·········· 109 |
| 2-2-3-1 | 強み①クルマの品質・耐久性 ···················· 110 |

■A：人の命を預かるものとしてのクルマ

■B：モビリティー関連サービスの道具としてのクルマ（稼働率が重要）

2-2-3-2	強み②多品種生産、多様なオプションへの対応力 ········ 111
2-2-4	クルマメーカーの課題 ························ 112
2-2-4-1	課題①真のコネクティッドカーのシェア向上 ·········· 113

■クルマメーカーにおけるコネクティッドカーの増産

■真にコネクティッド化するとは

■仲間づくり：同じP/Fを使うクルマメーカーを増やす

| 2-2-4-2 | 課題②エコシステムの構築 ····················· 115 |

■モビリティー関連サービスのサプライチェーンとスマイルカーブ

■クルマメーカーの弱み①
スマイルカーブの両端をとれるサービス基盤がない

■クルマメーカーの弱み②顧客基盤の育成も必要

| 2-2-4-3 | 課題③サービスの企画 ························ 118 |

| 2-3 | 今後クルマメーカーが検討すべきビジネス例 ··············· 118 |

■クルマメーカーが持つべき観点

■「移動」に関わる世の中の価値観の方向性

■他のモビリティーに対するクルマのメリット・デメリット

■モビリティー関連サービス検討上の前提

| 2-3-1 | モビリティー関連サービス事業として検討するサービスの例 ··· 124 |
| 2-3-1-1 | A：モビリティーの備えるべき仕様を握る ·············· 125 |

■物流と交通システムの方向性

■クルマ事業としては新たなデマンドを握ることが重要

■提案：クルマメーカーがプラットフォーマーになる

■具体的サービス例

★コンテンツ例a：「地方向け貨客混載タクシー」

★コンテンツ例b：
「共働きファミリー向け農産物の加工代行＆産地直送サービス」

■ビジネス展開の際に重要なポイント

| 2-3-1-2 | B：ポジティブな移動デマンドを育てる ·············· 130 |

■ポジティブな移動とは

■アクティブな学びを支援するソリューション提案を行う

■提案：個人の興味と、学べる場所をつなげる支援をする

■具体的サービス例

★コンテンツ例a：習い事関連の体験・イベントなどのレコメンドサービス

★コンテンツ例b：高齢者向けヘルスケア教室

■ビジネス展開の際に重要なポイント

2-3-2 クルマ事業で検討するコネクティッドサービスの例 ………… 135

■相乗効果を狙えないサービスは別事業化すべきでない

2-3-2-1 C：無駄な移動時間をゆとりに変える ………………………… 137

■将来も残るネガティブな移動

■2030～40年頃のネガティブな移動に対するソリューション

■提案：クルマの利点を最大限にアピールし、顧客を囲い込む

■具体的サービス例

★例a：スケジュール連動型遠隔家事サポート

★例b：通信を利用したエンターテインメント環境の充実

■ビジネス展開の際に重要なポイント

2-3-2-2 D：より多くの人の自由な移動をサポート ………………… 142

■自動運転がもたらす変化

■交通弱者の救済

■提案：移動に対する自他の不安を払拭するモビリティーを提供

■具体的サービス例

★例a：高齢者向けヘルスモニタリング機能付きパーソナルモビリティー

★例b：子供の送迎代行モビリティー（セキュリティー付き）

■ビジネス展開の際に重要なポイント

3章 戦略実現のために必要なシステムと体制 ……………………… 147

3-1 システム …………………………………………………………… 149

3-1-1 2030年頃のトレンドと求められるシステムの競争ポイント …… 149

■データ主導型の社会では、データこそが財産

■データ活用により
商品・サービスをスピーディーに最適化することが重要

■今後の競争のポイント（まとめ）

3-1-2 ビッグデータ・AI活用を前提としたデータ収集の仕組み ……… 153

■コネクティッドカーのシステム構成要素と今後の進化の方向性

■大量データの器の準備

■ビッグデータ利用を前提とした基本的なデータの整合と正規化

□基準データの整合性

□取得可能なデータの種類、粒度

■社会や他業界などとの連携・協調を前提としたデータ活用の仕組み

■社会のルール・法整備への対応
　□データのオーナーシップと保護、プライバシーの問題
　□サービスの利用期間や契約の考え方

3-1-3　高度化・細分化するデマンドをスピーディーに実現する仕組み ……164

3-1-3-1　コネクティッド基盤のシステム開発に必要な変化とあるべき体制 …164
■システム構成要素のライフサイクルの違い
　□利用期間の違い
　□販売期間の違い
　□利用期間と販売期間の違いに対するこれまでの取り組み
■ソフトウェア志向への移行
　□ソフトとハードの分担
　□半導体製品の開発と使いこなし
　□機能実現のソフトウェア化と進化スピード、製品の作り分けの関係性
■開発・運用体制
　□①機能・サービス単位で開発に関わる「やりたいこと」軸のチーム
　□②システム構成要素（部品）ごとに専門の開発チーム
　□③システムアーキテクチャを常に最適な状態に進化させ続けるチーム

3-1-3-2　用途に応じたインテリアと車載装備のフレキシビリティー …… 180
■モノとしての付加価値は個別最適へ
■用途に応じた作り分け
■企画・生産拠点と車両開発プロセスの変化

3-2　事業管理 …………………………………………………………… 184

3-2-1　システムと事業管理の関係性 ……………………………………… 184
■各システム構成要素の事業上の位置付け

3-2-2　戦略実現に向けた事業管理の在り方 ………………………………… 186
■①クルマ事業における投資と費用回収計画の管理
■②モビリティー関連サービス事業の事業管理を新規に始める
■③クルマ事業とモビリティーサービス事業の総合管理

まとめ ……………………………………………………………………… 189

おわりに …………………………………………………………………… 193

0章〈導入〉
2030年頃の将来に向けた既存の動き

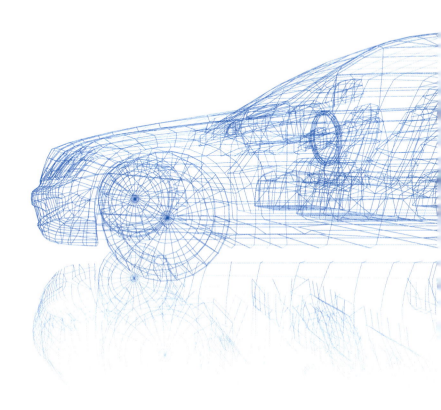

2030年以降の世界をイメージし、そこでのビジネスを考えるとき、周囲の環境としてそこにどのような世界が広がっているのかを理解することは重要です。ここではまず〈導入〉として、現在懸念されているマクロ環境としての課題と、それらに対する各国・地域の政府レベルでの取組みの概況を2050年頃までの長期的な方向性としてごく簡単にみてみましょう。

0-1 マクロ環境としての問題点と課題

現在、懸念されているマクロ課題のキーワードには「環境」「人口動態」「エネルギー」「食糧・水」などがあります。これらをそれぞれ簡単に見ていくと以下のような状況になっています。

■環境

地球環境問題、特に温暖化が進行し、それによる気候変動、災害、風土病などのリスクが高まるとの指摘があり、対策が検討されています。主な対策としてはCO_2などの温室効果ガスの排出削減が重要課題とされ、各国・地域でクリアすべき目標が議論されています。

■人口動態

先進国（中国含む）では少子高齢化が進行。労働力不足、医療費・社会保障費の増大などが深刻化する可能性が指摘されています。また、世界全体では2050年までに世界人口が92億人に達すると試算され、アジア・アフリカ地域での増加が顕著であると予測されています。さらに、人口の多くは都市に集中し、都市の過密化と、地方の過疎化が深刻化すると言われています。

■エネルギー

2050年頃までに、石油の残存可採年数がゼロになるという予測があり、化石燃料（特に石油）からのエネルギー転換、中でもクリーンエネルギー比率の向上が必要と言われています。

■食糧・水

食糧不足、水不足に陥る人口の増加が懸念されています。対策としては、食糧生産量効率の向上や、浄水・造水技術の経済効率性の向上が求められるとともに、安定供給の観点から、衛生管理や鮮度保持（保存時、運搬時）に関わる技術も重要とされています。国レベルで見た場合には、自給率の向上も重要課題となります。

■マクロ環境としての問題点と課題のまとめ

このように、2030〜50年頃における社会が地球環境への配慮を前提とすることは必須となります。しかし、地球規模で見た場合、私たちはこの課題を人口増加（特にアジア・アフリカ地域での）を迎える中で実現することを求められます。

つまり、枯渇や不足が懸念される**エネルギーや材料、食糧や水などの資源を、いかに環境負荷をかけない形で、経済活動や人々の生活に必要な量まで確保・増産できるか**が、地球全体で大きな課題となります。不安定化する世界において、これらの基本的な分配が成立するかどうかは、世界平和の維持においても重要な観点となります。

一方で、先進国においては、少子高齢化の時代を迎えるにあたり、経済力を維持・向上するためには、今後は、**いかに働ける人口を確保できるか**が最も大きな課題となります。**労働そのものの効率化・省人化**とともに、**高齢者や女性の活用**が今以上に期待され、身体的なハンディキャップを補完する技術や、**家事・育児・介護などの負担を社会**

全体で効率よく分担していく仕組みが必要とされます。

　将来に向けては、AIの進化により、従来必要とされた人間の仕事の一部はシステムに置き換わると予測されています。そのような中、**限られた人材をいかに必要な"人間がやるべき仕事"に振り分けるか**、ということも課題となり、その際には、**次世代育成**はもちろんのこと、**働く人々のスキルアップのための教育・再訓練**なども重要性を増します。

0-2 マクロ課題に対するソリューション

0-2-1 各国・地域政府の取組み

■政府による取組みの概略

　このようなマクロな課題については、すでに様々なレベルにおいて解決方法が模索され始めています。中でも、先進地域の各国・地域政府は、その構想検討をけん引しています。各国・地域政府は、数年前より段階的に、将来構想の発表から実現に向けた予算分配や枠組み作りへと検討を進めていますが、各国・地域に共通な基本となる考え方は以下です。

背景認識：現在ビッグデータ、IoT、AIなど、情報技術の急速な普及と進展が、ナノテク、バイオ、エネルギーなど各分野における研究開発のパラダイムシフトを起こしている。

　　　　↓↓↓

方針1：このような状況を受け、今後は各政府でネットワーク、データベースなどの技術を、社会全体の課題解決につなげるための基盤技

術として重要視し、社会インフラとして標準化を含む利用環境の整備を進めていく方針（近年はAIについての研究も進められている）

方針2：さらに、これらの基盤技術を確立した上で、「エネルギー」、「環境」、「ナノテク・材料」、「医療・ライフサイエンス」、「バイオ」、「航空・宇宙」などをキーワードとして各分野の技術進化を促進する。

　政府の基本的な考え方は、まず情報技術のイノベーションを加速し、その上でマクロ課題解決に関わる各分野の技術的なイノベーションを促進し、問題解決を図っていこうという方向性です。

各国・地域の主な構想・取組み	
米	『先進製造パートナーシップ』（2011発表） ※米は、GEが取組開始（Industrial Internet Consortium 2012年発表）、政府が後押しする形で進行
EU	『Future Internet WARE　–FIWARE-』（2011発表）　『Horizon 2020』（2014発表）
ドイツ	『インダストリー4.0』（2012年発表）
日本	『科学技術イノベーション総合戦略』（2013〜）　『Society5.0』（2016年発表）
中国	『中国製造2015』（2015発表）

コンセプトの広がり経緯：まず、2011〜12年頃から、特に製造業の改革（生産技術の変化、製造業のサービス化）にICTを活用する動きが、ドイツのインダストリー4.0を中心に注目を集め、米欧で議論が活発化。続いて、日本、中国も同様の概念を発信し、グローバルな方向性へと発展している。⇒現在は、製造業に留まらず、社会全体の課題解決へ、概念が拡大している状況。

0-2-2　問題解決のための具体的検討テーマ

　次に、各政府が投げかけているマクロ課題に対する具体的な解決策となるべきテーマには、どのようなものがあるかを見てみましょう。主に2050年頃までに向け、官・民や技術・社会システムなどの領域を問わず、多くの分野で様々なテーマが検討されています。このうち、現在投資が集中している領域は医療・ライフサイエンス、農業、教育の分野と言われています。

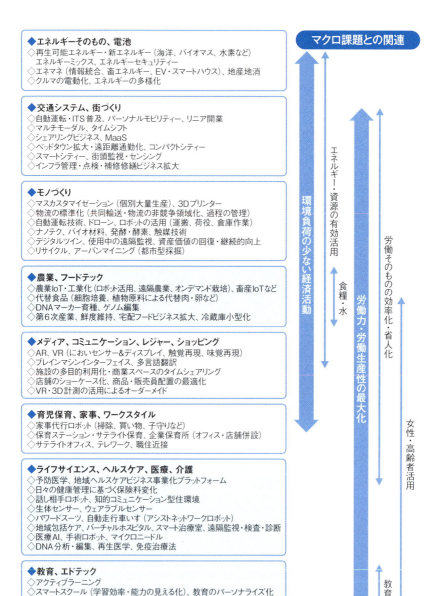

■ 人とモノの移動の変化がクルマを変える

　続いて、このようなアイテムの中でクルマに影響するものやクルマそのものへのイノベーションの期待はどの程度あるのか考えてみましょう。まず、各テーマからの影響をクルマ業界への関りの深さによって「クルマ本業分野」「クルマと関りが深いと思われる周辺分野」「直接的にクルマとの関連はないが、人とモノの移動に影響を与える可能性のある分野」の三つに分類してみます。すると、多くの分野に、「人とモノの移動に影響を与える可能性有」がみられます。

　このことは、将来のクルマの進化要因は、比較的、クルマ業界に近しい領域から、自発的に引き起こされるものばかりではないということを示しています。全く別の業界でおこる変化により、間接的に、影響を受けることで引き起こされる可能性のあるものが非常に多くあると思われるのです。

　今、世界においては、冒頭に述べたように様々なマクロ課題が待ったなしの状況に差し迫ってきているために、その解決のためには様々な分野からの総合的・総力的な対応が求められています。そして、それら様々な分野での解決は、主に技術的なイノベーションに期待され、それら技術革新は、情報技術という非常に多くの分野に対し汎用的に活用可能な基盤技術の進化により、同時多発的に進んでいます。

　つまり、そのために社会と人々の生活は今後、それらすべてのイノベーションの影響を受けながら、大きく変化すると予想されており、結果としてモノや人の移動が変化し、その影響をクルマも受けると考えられるのです。今後のクルマは、このような広い視野でのトレンドをおさえ、大きく変化する人々の期待に応えられる構えを持ち、柔軟に対応していくことが重要です。

影響の深さ
- **太字**: クルマ本業分野
- 下線: クルマと関わりが深いと思われる周辺分野
- 青文字: 人とモノの移動に影響を与える可能性有

◆ **エネルギーそのもの、電池**
- ◇ 再生可能エネルギー・新エネルギー（海洋、バイオマス、水素など）、<u>エネルギーミックス、エネルギーセキュリティー</u>
- ◇ エネマネ（情報統合、蓄エネルギー、**EV**・<u>スマートハウス</u>）、地産地消
- **クルマの電動化、エネルギーの多様化**

◆ **交通システム、街づくり**
- ◇ <u>自動運転・ITS普及</u>、パーソナルモビリティー、リニア開業
- ◇ マルチモーダル、タイムシフト
- ◇ <u>シェアリングビジネス、MaaS</u>
- ◇ ベッドタウン拡大・遠距離通勤化、コンパクトシティー
- ◇ スマートシティー、街頭監視・センシング
- ◇ インフラ管理・点検・補修修繕ビジネス拡大

◆ **モノづくり**
- ◇ マスカスタマイゼーション（個別大量生産）、3Dプリンター
- ◇ 物流の標準化（共同輸送・物流の非競争領域化、過程の管理）
- **自動運転技術**、<u>ドローン、ロボットの活用（運搬、荷役、倉庫作業）</u>
- ◇ ナノテク、バイオ材料、発酵・酵素、触媒技術
- **デジタルツイン、使用中の遠隔監視、資産価値の回復・継続的向上**
- ◇ リサイクル、アーバンマイニング（都市型採掘）

◆ **農業、フードテック**
- ◇ 農業IoT・工業化（ロボット活用、遠隔農業、オンデマンド栽培）、畜産IoTなど
- ◇ 代替食品（細胞培養、植物原料による代替肉・卵など）
- ◇ DNAマーカー育種、ゲノム編集
- ◇ 第6次産業、鮮度維持、宅配フードビジネス拡大、冷蔵庫小型化

◆ **メディア、コミュニケーション、レジャー、ショッピング**
- ◇ AR、VR（においセンサー&ディスプレイ、触覚再現、味覚再現）
- ◇ ブレインマシンインターフェイス、多言語翻訳
- ◇ 施設の多目的利用化・商業スペースのタイムシェアリング
- ◇ 店舗のショーケース化、商品・販売員配置の最適化
- ◇ VR・3D計測の活用によるオーダーメイド

◆ **育児保育、家事、ワークスタイル**
- ◇ 家事代行ロボット（掃除、買い物、子守りなど）
- ◇ 保育ステーション・サテライト保育、企業保育所（オフィス・店舗併設）
- ◇ サテライトオフィス、テレワーク、職住近接

◆ **ライフサイエンス、ヘルスケア、医療、介護**
- ◇ 予防医学、地域ヘルスケアビジネス事業化プラットフォーム
- ◇ 日々の健康管理に基づく保険料変化
- ◇ 話し相手ロボット、知的コミュニケーション型住環境
- ◇ 生体センサー、ウェアラブルセンサー
- ◇ パワードスーツ、自動走行車いす（アシストネットワークロボット）
- ◇ 地域包括ケア、バーチャルホスピタル、スマート治療室、遠隔監視・検査・診断
- ◇ 医療AI、手術ロボット、マイクロニードル
- ◇ DNA分析・編集、再生医学、免疫治療法

◆ **教育、エドテック**
- ◇ アクティブラーニング
- ◇ スマートスクール（学習効率・能力の見える化）、教育のパーソナライズ化
- ◇ eラーニング、AR・VRの教育への活用

従来、クルマ業界で検討されてきた革新領域
- クルマのエネルギーが変化
- クルマとクルマ周辺のシステムが変化
- クルマの作り方が変化

産業におけるモノの移動が変化
人の移動が変化

社会やライフスタイルの変化によってクルマに求められる要件が変化

クルマ作りに影響

1章

技術の進化予測概要と、社会・個人のライフスタイルの変化予測

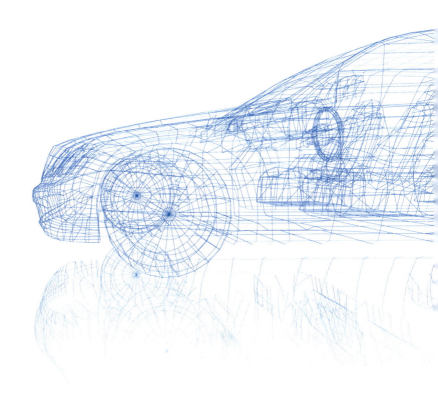

この章では、導入部で簡単に紹介した情報技術と、それによりイノベーションを同時多発的に起こしている様々な領域の技術進化予測、さらにそれらが2030〜40年頃において社会と個人のライフスタイルにどのような影響を及ぼすと考えられるのかを紹介していきます。

　構成としては、各国・地域の政府方針のストーリーに重ねて、まずすべてのイノベーションにとって基盤技術となる情報技術の進化概要を簡単に示し、その上で人とモノの移動に関わる社会や個人のライフスタイルに影響を及ぼすと考えられる分野の技術と将来イメージについて紹介していきます。

1-1　情報技術の進化予測概要

　導入部で触れた通り、情報技術の分野は現在、今後のイノベーションのためには欠かせないとされ、世界中で様々な企業や投資家による大規模な投資が進んでいます。ここではまず、今後の情報技術の進化において重要な観点を抜粋し、世の中や他の分野に与える影響について紹介します。

1-1-1　データ主導型社会への移行

■情報技術のトレンド変化の概要

　これまでにPC、スマートフォンの普及により、人同士のコミュニケーションがインターネットを利用したものに進化してきましたが、現在は、モノのインターネットと呼ばれるIoTが進行しています。スマートフォンの普及と同期して、情報技術の利用に関するトレンドは、スタンドアローンの端末に大きな処理能力を持たせて、ローカル

側で多くの処理を行う方法から、徐々にクラウド側で多くの処理を行うクラウドコンピューティングへと情報技術の利用形態が変化してきました。

　その結果、現在では、多くの端末がクラウド上の豊富な処理能力や記憶容量を低コストでリアルタイムに共有できる環境が整っています。そして、このようにしてクラウド上により多くのデータを集められる環境が整ったことで注目を集めている分野が、ビッグデータ処理やAIといったデータ活用の分野です。今後は、このような方向性はさらに強まり、より多くのデータがクラウドに集められていく見込みです。

■ あらゆる情報を自動的にデジタルデータ化する
　このような変化のポイントを、以下に簡単にまとめてみます。

①**半導体などの進化**⇒情報収集や処理にかかるコストが劇的に低下
②**情報端末の爆発的普及**⇒世界中の情報と人が結びつく基盤が成立
③**センサーの進化と普及**⇒あらゆる情報のデジタルデータ化が進行
④**AI/ビッグデータ処理基盤の進化**⇒データ活用領域が爆発的に拡大

　過去と未来の違いとして、特に③④の傾向が、今後急速に拡大して行く点にあると思われます。つまり、これからは、人が意図的に生み出す情報がデジタル化されるだけでなく、身の回りのあらゆる物事が自動的にデジタルデータとなって収集蓄積され、活用されていく時代になります。例えば、家電や住居はもちろん、産業面ではモノづくりのための設備や、農地や育成中の野菜や家畜、その周囲の大気や土壌などの環境、さらには人間自身の肉体などからも、生体情報や個人の能力の情報などがその都度、意識することなく、当然のように収集さ

れ、様々な分野のインフラとして活用される世界になります。

　続いては、このような情報技術のトレンド変化がもたらす効果について、主なものを見ていきましょう。

■効率化、全体最適、省人化

　マクロ課題への対応という点で、最も広い分野において、今後広まりを見せる重要な観点が、効率化、全体最適、省人化などです。情報収集や分析など一連の処理を行うためのコストが劇的に下がることで、あらゆるモノがインターネットに接続されます。そしてさらに、あらゆるモノにおいても、センシングされるポイントが密になったり、そのポイントごとに様々なデータを収集できるようになります。

　その結果、広範囲でデータが発生するような物事も、現象の把握を効率よく行えます。また、ネットワークで情報共有を行い、全体最適や平準化などの対策をとることも容易になります。さらに今後は、ロボット技術・自動運転・3Dプリンターなど、周辺技術の進化に伴い、これまで人が介在した物事を効率よく、人手をかけずに自動的にできるようになります。

　これら効率化、全体最適、省人化といった観点は、情報技術の主なメリットとして今後、さらに大規模かつ大胆に進められていきます。特に、エネルギー・交通流・物流などの分野で重視され、クルマの使われ方にも大きく影響します。

■データ活用は、事後分析から事前予測へ

　データの活用に関しても、変化が起こり始めています。これまでは、POSシステムに代表されるように、特定の興味対象について、その事柄が起こってから、できるだけ早いタイミングでデータを収集、分析し、その結果を踏まえて、事前に立てた仮説との相違を見る

といった活用が主でした。つまり、競争のポイントは発生直後の情報収集と、その結果、仮説との照らし合わせをし、計画変更などの対策をできる限り早く回すことにありました。

しかし、今後はあらゆるデータを予め収集、分析し、興味対象の周囲で今後起こりうる事柄とその確率を多角的に予測することが重視されます。予測をできるだけ正確にし、事前に立てる仮説の精度を向上しようとする方向性です。つまり、データの収集と活用において重点を置かれるポイントが、事後から事前に移り始めているのです。

このことを正確に行うためには、事前にできるだけたくさんの情報を、広範囲に収集することと、それを様々な観点で分析し、因果関係やパターンを導き出すプロセスが重要になり、今後はこれが競争力に直結します。このようなことから、データそのもののセンシングから囲い込み、さらにAI・ビッグデータ分析などが重視され始めているのです。

この観点では、すでに情報技術は各分野で様々なイノベーションを興し始めています。例えば、様々な分野の情報を元にした総合的な分析という観点では、マーケティングの世界では、天候や暦、メディア上の様々な情報などをあらかじめ把握すれば、特定商品の需要予測が可能になりますし、モノづくりの観点に応用すれば、商品開発のためのデマンド分析をより広く、多角的な目で行い、さらに販売後の改善にも生かすことが可能です。

一方、情報収集の範囲は狭くとも多くのサンプルやたくさんの種類が存在するものを予め理解し、個々の特性に応じた的確な対応をとれるようにするという観点では、医療分野での遺伝子情報の活用や、教育分野での学習効率向上に向けた取組みなども挙げられます。このように、大量情報＝ビッグデータを収集し、高速に扱うことができるようになりつつあることは、様々な観点でイノベーションの加速に役

立っています。

■ クオリティーコントロール

データの活用観点で、もう一つ重要な要素にクオリティーコントロールということがあります。これは、自社の製品の製造過程や販売後に至るまで、様々なプロセスの中で品質を担保するための仕組みづくりの観点で、データを活用しようとするものです。

これまでは、製品の品質を担保するためには、事前に品質を企画し、それを実現するための設計や製造プロセスを構築し、その結果できたものを検証して品質をコントロールしてきました。そして、販売後は設計段階での仮説に基づき、品質保証やメンテナンスの方法を決め、それに則って整備や廃棄などを行うタイミングを決めてきました。このような考え方は、工業製品でも農業やサービスの分野でも基本的に同じです。

しかし、今後はこういったことをもっとリアルタイムに、なおかつ事前予測をうまく使って効率よく行うことを目指す方向性です。具体的には、モノづくりの過程でもあらゆるプロセスにおいてデータを収集し、品質のばらつきや逸脱につながる要素を排除します。例えば、工場の温度や湿度などの環境はもちろん、製造機器の消耗状態や、材料・部品の供給に関する事柄、人の配置や動きまでも、リアルタイムにデータ収集し、自動的に最適化を行います。

販売後のメンテナンスなどにおいても、それぞれ異なる使用環境や使われ方に応じて、適切なタイミングでメンテナンスや廃棄などをアドバイスし、トラブルを事前に回避したり、不要なタイミングでの実施を避けることでコストを削減したりします。さらに、食品などに関しては、その商品が生産されてから、消費者の手元に届けられるまでの、期間や環境などを記録し見える化するなど、流通過程のクオリティーマネジメントにも活用され、消費者の安全志向や効率的な配分

1章 技術の進化予測概要と、社会・個人のライフスタイルの変化予測

に貢献するでしょう。

■データ主導型の社会

このようにデータの活用が高度に進んだ社会を、データ主導型、データ駆動型（データドリブンな）社会などといいます。先ほどの説明をまとめると、このような社会の特徴は、データを活用することにより、以下のようなことがタイムリーかつリアルタイムに行われる社会です。

・効率化、全体最適、省人化
・製品やサービスのイノベーションを加速
・クオリティーコントロール

そして、データ主導型社会こそ、各国・地域政府がマクロ課題を解決するために重要な基盤が整った状態として目指している社会です。また、経済界からもこのような世界を目指した投資が盛んに行われています。逆の言い方をすると、このようなデータ主導型の社会で、重要なポジションを確立するためには、そのための基盤技術やシステムの中核をいかに握るかがカギなのです。

各国・地域の政府は、このようなことを前提に、自国・地域のプレーヤーがより有利なポジションを得られるよう、様々なルール作りを行う上での主導権を握ろうとしており、それは経済界でも同様です。現在は、そのような攻防の最中にあり、様々な領域において、技術的にも、標準仕様や規格などのルールにおいても、誰がいち早くデファクトスタンダードをとるかという競争が繰り広げられています。

1-1-2 影響力の大きい分野とプレーヤー

■データ主導型社会の重要プレーヤー

このような競争上の争点は様々にありますが、先ほど紹介した情報技術のトレンド変化のポイントからいくつかを紹介します。

情報技術のトレンド変化のポイント
①**半導体などの進化**⇒情報収集や処理にかかるコストが劇的に低下
②**情報端末の爆発的普及**⇒世界中の情報と人が結びつく基盤が成立
③**センサーの進化と普及**⇒あらゆる情報のデジタルデータ化が進行
④**AI/ビッグデータ処理基盤の進化**⇒データ活用領域が爆発的に拡大

このような過去から将来への変化を、情報技術の進化からけん引しているという意味で、様々に影響力を強めているプレーヤーには、主に以下のような技術分野の人々がいます。

□半導体・・・主に①に関係
□大規模データセンター・・・主に②④に関係
□通信・・・主に①②④に関係
□ソフトウェア・・・すべてに関係

続いては、これらの業界のトレンドと、その影響力の強さについて簡単に紹介していきます。

■半導体の進化と材料

過去半世紀近くにわたり、情報技術を根本的に進化させる主要因となり、今後もその地位を継続させると思われるものの一つが半導体で

す。半導体の進化については、このところ、これまでの進化を支えてきたムーアの法則が終焉を迎えているとされ、ペースダウンを指摘されています。しかし、このことにより、情報技術の進化がペースダウンするのではないかと懸念することはあまり正しくはありません。

確かに、微細化による半導体の集積度増大に関しては、すでに原子レベルに達しており、従来手法では物理的な限界に近づいています。しかし、現在は、従来の微細化手法とは異なる製造上の工夫が行われ、それによる進化が継続しています。さらに、微細化に関しても、これまでとは異なる手法の登場により、すでに進化継続の見込みが立っています。

将来に向けては、グラフェンやカーボンナノチューブなどの新素材が、半導体などの電子デバイスの進化にも影響を与え始めており、さらに将来を考えれば、量子の活用も研究が進められています。このように、半導体の進化は今後も様々にアプローチを変えて継続すると思われます。

■半導体メーカーの影響力拡大

半導体の進化は、データ主導型社会においてあらゆる業界にとっての重要要素となります。あらゆるものがネットワークに接続されるためには、あらゆるモノへの半導体チップの埋め込みが必須だからです。つまり、このような社会において、半導体メーカーの影響力は甚大です。

そして半導体メーカーの各業界における影響力をさらに強めることになるトレンドがもう一つあります。それは、用途特化型のチップの開発により、最適化・高速化を進めるという現在トレンド化している半導体の性能向上の手法です。よく知られている画像認識用のAI向け高性能プロセッサーなどは、専用化することでより性能向上を図ろ

うと開発競争が進んでいます。

　特定の用途に特化した専用品では、多くはその使いこなし環境や周辺ソフトの開発も製品の付加価値として提供されるため、それぞれの業界のエコシステムに、より深く部品メーカーが関わることとなり、関係を強めます。このように、今後は半導体をはじめとする部品メーカーとの関係づくりや、それに伴うエコシステムの変化があらゆる業界で進むと考えられます。

■ 大規模データセンターの登場と大規模化を支える技術

　影響力を強めるプレーヤーとその技術を考える上では、半導体など部品レベルの進化だけでは観点が不足です。クラウドコンピューティングの進化と、それにより、②③④のような変化を世の中にもたらすためには、システムとして電子部品をどのように組み立て、使いこなすかといった観点がより重要になりつつあるからです。

　この観点で特に重要な近年のトレンドは、倉庫サイズと呼ばれる巨大なコンピューターの登場です。世界中のあらゆる情報がリアルタイムかつ自動的にアップロードされ、それらを用いた予測を正確に行うためには、倉庫や高層ビルのような大規模なデータセンターが必要になっています。

　しかし、このような巨大なコンピューターは、そのあまりの巨大さゆえに、全体を管理するためのハードルを飛躍的に上げます。広大な敷地や数えきれないほどの部品を要するために、常にその状態を管理し、トラブルやシステム変更時の影響を確認することは、品質管理や資産管理などの観点からも不可欠であるにも関わらず、すでに困難を極め始めています。

　規模ゆえの問題点、例えば消費電力や発熱量などの問題から、環境面への影響も懸念され、北米ではデータセンターの環境負荷について

条件を設けるなど、規制が強化され始めています。つまり、大規模データセンターでは、構築や運用に関するノウハウ、環境保護観点などの専用技術や支援システムが非常に重要になっています。

■大規模データセンターを抱える企業の影響力拡大

倉庫サイズと呼ばれる巨大なコンピューターを抱えることは、巨額の投資を伴い、日々進化し続けるあらゆる部品やソフトウェア、さらに制度面などへの継続的な対応が必要となります。どんな企業にもできることではなく、現状においても一部の限られたプレーヤーに参入が限られているのです。しかし、これらの大規模データセンターは、通信インフラなどと並んで、今後の社会システムの変化を促し、マクロ課題を解決するためには不可欠な要素であるため、結果としてこのようなことを成し得ている数少ないプレーヤーにビジネス的な力が集中する傾向が出ています。

今後、データドリブンな社会を実現していくためには、社会インフラとして、いくつかの分野のデータベース整備やその標準化・規格化などが必要になります。このことから、大規模なデータ収集基盤に関しては、導入部でも触れた通り、各国・地域の政府や業界団体などが主導権を握って進めようとする動きも多くあります。

データ収集基盤として大規模データセンターを構え、各分野の進化のためのインフラとして必要とされるデータベースを握ることは、今後のデータ主導型イノベーションという進化の方向性においては、各ビジネス領域の非常に根本的で強大なポジションを得ることになり、こういった領域をどのように誰が握るのかといった点は、各産業にとって非常に重要です。

このようなことから、先述の通り、現在は先行する一部の巨大IT企業のみが整備を進められている状況ですが、今後は、政府主導での

整備や、各産業における協調領域として共同整備が進む領域となる可能性もあります。

■ 通信技術の進化

　データ主導型の社会を構成するために不可欠な要素が通信です。通信環境の整備は、各国・地域の重要インフラとして、政府と企業とが連携しながら、規格やロードマップが定められ、整備が行われてきました。現在はモバイル網では新たな5Gの規格化が進められており、さらに広域では、光ファイバー通信の大容量化などの技術進化が進んでいます。

　しかし、光ケーブルの敷設やアンテナ・基地局の整備などには、莫大な費用がかかるために、技術の進化スピードだけでなく、ビジネス面での成立性が、その整備計画に大きな影響を与えます。特に、事業者が限られている業界でもあることから、半導体やデータセンターのように激しい競争にさらされつつ進化が加速する領域ともなっていません。

　このような状況の中、今後はあまりに大規模にデータの収集・活用がされようとするあまり、ネットワークがボトルネックになる懸念も出ています。そのような問題を回避するべく、通信方式そのものの進化以外にも、様々なネットワーク構築上の工夫がなされています。

　例えば、現在、スマートフォンなどの通信で主力となっている通信網であるモバイルネットワークには依存せず、非常に低速ながら低価格な通信方式を活用し、用途を限定した通信網を構築しようとしたりする動きも出始めています。また、5Gの規格検討の中では、クラウドにデータを送り届ける前に、できるだけ端末に近い段階で必要な処理やデータの取捨選択を行ってデータ量を削減しようとするエッジコンピューティングなど、新しいシステムの在り様も検討されていま

1章　技術の進化予測概要と、社会・個人のライフスタイルの変化予測

す。

■ソフトウェア

　大規模なシステムや複雑なネットワークを支えるためなど、あらゆる側面で、ソフトウェアの重要性が増しています。特に、大規模データセンターなどにおいては、頻繁に技術進化が起きるハードウェアの入れ替えや追加、ネットワークの変更、サービスアプリケーションの更新などを実施する上で、できるだけ他の領域に影響を与えずに進めるために、個々の機能を小さなまとまりとして定義し、それらのまとまりの間の関係性はできるだけ疎なつながりにしておくなどの考え方や、ハードウェアやインフラは抽象化し、全体とは切り離して管理できるようにしておくなどの開発手法のトレンドが生まれています。これらを実現するのは、ソフトウェアの役割です。

　また、そのようなソフト志向で全体のアーキテクチャーを検討できる能力も重要になっています。優秀なソフトウェアエンジニアの争奪戦が世界中のあちこちで起き始めており、そのような人材を多く獲得し、大規模なソフトウェア開発を行う能力のある企業が存在感を増しています。

■第4次産業革命

　情報技術は、あらゆる技術の基盤となり、同時に社会そのもののインフラとなっていくため、今後の世界において影響力は増す一方です。このような変化が、100年に一度の大変革、第4次産業革命などと言われるゆえんの一つです。社会を構成する基盤が大きく変わろうとしているのです。

　最初の産業革命で、蒸気機関を手の内化した勢力が世界を席巻したように、今後の世界の変化に対して、今、情報技術の活用、特にデー

37

タ主導型の社会を築く上で重要なポイントをおさえることができた勢力が、その後の世界を席巻すると思われます。

そしてそれは、クルマメーカーやクルマの関連業界にも無関係のことではありません。クルマの作り方、エネルギーの供給、クルマの所有や利用方法の変化、その背景として人々の価値観なども含め、データ主導型の社会に移行する中で、様々な変化がクルマに対してもたらされるでしょう。今後、将来の構想を描く上で、このようなデータ主導型の社会への変革や、第4次産業革命などといったキーワードは非常に重要です。

1-2 人とモノの移動に関わる分野の変化予測

次に、データ主導型社会への移行、第4次産業革命といった事柄が、人とモノの移動にどのような影響を与えるかを見ていきましょう。関連分野の技術進化と、社会システムや人のライフスタイルに起こるとされる変化について、導入部で示した以下の図から抜粋して紹介します。エネルギー関連とクルマ本業分野は、多くがクルマメーカーにとって既知の事柄と思われますので除きます。

1章　技術の進化予測概要と、社会・個人のライフスタイルの変化予測

◆**エネルギーそのもの、電池**
◇再生可能エネルギー・新エネルギー（海洋、バイオマス、水素など）
　エネルギーミックス、エネルギーセキュリティー
◇エネマネ（情報統合、蓄エネルギー、EV・スマートハウス）、地産地消
◇クルマの電動化、エネルギーの多様化

◆**交通システム、街づくり**
◇自動運転・ITS普及、パーソナルモビリティー、リニア開業
◇マルチモーダル、タイムシフト
◇シェアリングビジネス、MaaS
◇ベッドタウン拡大・遠距離通勤化、コンパクトシティー
◇スマートシティー、街頭監視・センシング
◇インフラ管理・点検・補修修繕ビジネス拡大

◆**モノづくり**
◇**マスカスタマイゼーション（個別大量生産）、3Dプリンター**
◇**物流の標準化（共同輸送・物流の非競争領域化、過程の管理）**
◇**自動運転技術、ドローン、ロボットの活用（運搬、荷役、倉庫作業）**
◇**ナノテク、バイオ材料、発酵・酵素、触媒技術**
◇**デジタルツイン、使用中の遠隔監視・資産価値の回復・継続的向上**
◇リサイクル、アーバンマイニング（都市型採掘）

◆**農業、フードテック**
◇農業IoT・工業化（ロボット活用、遠隔農業、オンデマンド栽培）、畜産IoTなど
◇**代替食品（細胞培養、植物原料による代替肉・卵など）**
◇DNAマーカー育種、ゲノム編集
◇第6次産業、鮮度維持、宅配フードビジネス拡大、冷蔵庫小型化

◆**メディア、コミュニケーション、レジャー、ショッピング**
◇**AR、VR（においセンサー&ディスプレイ、触覚再現、味覚再現）**
◇ブレインマシンインターフェイス、多言語翻訳
◇施設の多目的利用化・商業スペースのタイムシェアリング
◇店舗のショーケース化、商品・販売員配置の最適化
◇VR・3D計測の活用によるオーダーメイド

◆**育児保育、家事、ワークスタイル**
◇家事代行ロボット（掃除、買い物、子守りなど）
◇保育ステーション・サテライト保育、企業保育所（オフィス・店舗併設）
◇サテライトオフィス、テレワーク、職住近接

◆**ライフサイエンス、ヘルスケア、医療、介護**
◇予防医学、地域ヘルスケアビジネス事業化プラットフォーム
◇日々の健康管理に基づく保険料変化
◇話し相手ロボット、知的コミュニケーション型住環境
◇**生体センサー、ウェアラブルセンサー**
◇パワードスーツ、自動走行車いす（アシストネットワークロボット）
◇地域包括ケア、バーチャルホスピタル、スマート治療室、**遠隔監視・検査・診断**
◇医療AI、手術ロボット、マイクロニードル
◇DNA分析・編集、再生医学、免疫治療法

◆**教育、エドテック**
◇アクティブラーニング
◇**スマートスクール（学習効率・能力の見える化）、教育のパーソナライズ化**
◇eラーニング、AR・VRの教育への活用

太字：
技術進化

青下線：
個人のライフスタイル、
社会システムの変化

左記のアイテムは
以下の4項目に
再構成して紹介します

・材料、モノづくり

・農業、フードビジネス

・医療・介護・保育と、
　ライフワークバランス

・教育

39

1-2-1 材料、モノづくり

第4次産業革命で大きな変化を期待される領域の一つがモノづくりです。ドイツのインダストリー4.0に代表されるように、モノづくりは今後さらなるデジタル化や情報技術の導入により、大きな変化を起こすとされています。このような変化は、人とモノの移動にどのような影響を及ぼすでしょうか。

■マスカスタマイゼーションによる変化

3Dプリンター、設計データのデジタル化などの実現により、マスカスタマイゼーションが可能になると、主に見た目が重要な製品やメカもの、アクチュエーターなど、ハードの領域においても個別カスタマイズや多品種少量生産などが可能になると言われています。これは今後ますます進むとされている消費者の好みの細分化・高度化、他人とは違う自分に最適な商品を求める傾向にも合致し、今後のモノづくりの大きなトレンドになると思われます。

また、マスカスタマイズは製品の改善サイクル短縮化にも貢献します。金型に代表される生産や製造に必要な設備の償却などといった課題を意識する必要がなくなり、最小ロットなどの数量的制約が減少するためです。

■製造生産拠点の変化と、物流に与える影響

このような製造・生産方法になると、生産拠点の選択に関わる条件も変化する可能性があります。市場にあわせて企画から販売・改善のサイクルを短縮化したい場合、最終の製造・生産拠点は市場の近くに配置される方がデマンドデータが収集しやすく効果的です。同時に、ロボットなどの普及により、製造過程の人件費度合いが下がれば、先

進国では製造業の国内回帰が進む可能性があるとの指摘もあります。

　また、生産拠点の変化は物流や材料調達にも変化を引き起こします。従来は、製造・生産は主に人件費や環境面から最適な場所で行われ、完成品が消費者のもとへ運ばれていました。しかし、生産拠点が市場に近づくと、モノづくりに関わる物流のうち、材料の移動割合が増え、完成品の移動距離は短縮されます。

　完成品を運ぶ場合と材料を運ぶ場合では、運搬方法や緩衝剤などの資材が不要となるなどの違いにより、物流は全体的に効率が向上すると考えられます。また、運搬物の保管に関わる倉庫の在り様にも変化が起こると考えられます。

■リサイクル、アーバンマイニング（都市型採掘）

　一方、モノづくりにおける材料調達に関しては、エンドユーザーのリサイクルやリユースなどへの価値観の移行の影響も受けると思われます。例えば、モノづくりの分野において、近年ナノテクやバイオなど材料分野の技術進化に伴い、新たに開発されたこれまでにない新材料が盛んに利用がされ始め、注目を集めています。

　しかし、このような材料は環境や人体に悪影響を及ぼす可能性が指摘されていて、今後はこのような新材料の普及の過程において、再び公害問題が再燃する可能性があります。また、現在すでに深刻化しているグローバルでの廃棄物問題も解決を求められます。

　今後はマクロ課題の観点からも、企業に対する製造過程から廃棄まで責任を問われる流れが強まると思われます。このような傾向が強まると、企業存続性の観点からメーカーが自ら作り出したものに対し、責任を持って回収し、無害化などを行った上で処分をし、再利用を進めるといったことが考えられます。このような形でのリサイクルやリユースの動きが加速すれば、アーバンマイニング（都市型採掘）が産

業化する可能性があるとも指摘されています。

　アーバンマイニング（都市型採掘）を進めるためには、企業が生産した製品またはその一部を回収して再度材料として利用するために、あらかじめリサイクルしやすく作ることが必要です。つまり、製品には材料レベルや生産過程で、のちのち分離解体やメンテナンスをしやすい特性を備えることが求められるでしょう。すでにこのような観点を持った新材料の研究開発も行われ始めています。

　人やモノの移動に対する影響という観点からは、今後このような方向性が強まれば、製品によっては材料や部品の状態で市場の近くまで運び、製品化して市場に出し、次は製品を回収、再資源化して再び製品製造し、再度市場に出すというサイクルが回る可能性があります。このような場合には、そこに必要な主なものは材料とエネルギー、そしてデマンドデータとなり、物流の必要性はさらに減少します。

■ハードウェアとソフトウェアの分離

　すでに現れ始めているトレンドに、モノづくりにおけるハードとソフトの分離ということがあります。家電などの分野では、現在すでにデジタル化とソフトウェアによる制御が進んでおり、なおかつハードにはさほど商品の価値を分ける要素がないために、ソフトウェアで実現可能な機能や性能で製品の差別化が可能です。

　このような製品は、今後、共通のハードウェアによって提供され、インストールされているソフトウェアをどれだけアクティベートするかによってラインナップを分けるような作り方になると思われます。このようなことは現在までにすでにスマートフォンやパソコンなどで先行しており、それらの製品では実際に品種が減りつつあります。今後は情報家電のみならず、半導体とその周辺の部品がコストのほとんどを占める製品は、同様の道をたどるでしょう。

クルマついては、今後はアクチュエーターよりも頭脳の部分が重要になる方向性のため、ハードとソフトは分離され、機能・性能については主にソフトでラインナップが組まれていくでしょう。しかし、高級車など、外見の差別化が必要な要素もあるので、そのような部分についてはハード単体の作り分けとして、マスカスタマイズの考え方が一部適用され、マスカスタマイズとハード・ソフト分離の二つのトレンドの組合せで生産されるようになるでしょう。

■ 使用中の遠隔監視、資産価値の回復・継続的向上

ハードとソフトが分離されれば、製品は販売後においても、その価値をソフトウェアのみの追加更新によって常に維持、またはある程度向上し続けることが可能となり、ハードごと買いなおす必要性が減少します。さらに、製品がコネクティビティーを持つと、製品の使用中、常に状況を監視し続けることが可能になるため、ハード・ソフトともに、トラブルの兆候をとらえた対処や、機器ごとに適切なタイミングでメンテナンスを促すことができます。

これは、データ主導型社会において広がると思われる、クオリティーコントロールの概念で、一つのハードが購入されてから、廃棄・または手放すまでに、快適に利用し続けられる期間を延ばすことにもなるでしょう。このようなソフトとハードの分離や、ソフトでの作り分け・機能追加などといった変化はやはり、モノづくりにおける拠点や物流に影響を及ぼします。また、販売・サービスの在り方にまで広範囲に影響する事柄と言えます。

■ シェアリングビジネスとクオリティーコントロールの関連性

ここまでは、モノの作り方についての変化と、そこから人とモノの移動に関わる変化について見てきましたが、最後に作られたモノの販

売や利用について考えられる変化を見ていきます。

　モノづくりに関して影響が大きいと言われる今後の変化に、所有から利用への変化、サービス化といったことがあります。人々の価値観が物質から体験へと移行し、より経済的な効率を求める方向へと進むことから、このような消費トレンドが広まると予測されています。特にクルマの利用に関しては、各国・地域がCO_2排出量の低減に取り組む中で、都市部へのマイカーの乗り入れ規制などが行われ、そのような政策が結果的にシェアビジネスを後押ししている側面もあります。

　このような中、先ほど示したデータ活用によるクオリティーコントロールとソフト・ハード分離などは、今後増えると予測されているシェアリングビジネスを前提としたモノづくりにも共通して重要な要素となります。シェアリングサービスにおいては、エンドユーザーは利用したいとき、自分に必要な機能だけを、最新の状態で利用し、支払いたいと考えます。

　シェアリングビジネスでは、製品は個人の資産ではなくなるため、製品自体の他との差別化要素は、エンドユーザーからはそれほど重視されませんが、製品を利用するというサービスとしての品質はシビアに問われます。つまり、サービス利用中にトラブルが起こったり、製品が使えなくなるようなことは、あってはならないことになるのです。

　一方で、メーカーから製品を調達するサービス事業者からすると、自社のサービス品質を担保するためにも、製品の状態を常に監視できることや、トラブルの事前回避、タイムリーなメンテナンス、機能や性能の最新化が手軽に行えることなどの付加価値が重視されるようになるのです。使用中の遠隔監視、資産価値の回復や継続的な向上、ソフトによるラインナップの作り分けなどといったアプローチは、この

ような文脈に非常に適合しているのです。

■VR・3D計測の活用によるオーダーメイド

　一方、マスカスタマイズの広まりに伴う販売現場の変化としては、商談の際に消費者と完成イメージの確認ということが重要性を増します。マスカスタマイズで実現される主にハードの自由度向上では、見栄えに関する個人の嗜好への対応という要素が大きいので、それらの出来栄えを正確に事前に確認しておくためにAR、VRなどの活用も検討されています。

　しかし、2030 〜 40 年頃においては、3D計測やVRによるできばえの確認を行うための設備が一般家庭まで十分普及する可能性は低いため、このようなことは毎度店舗で行われたり、一度店舗で計測・データ登録したのちWEBサイトなどで行われるという方法がとられると思われます。また、このような販売形態では、その場で商品を持ち帰ることは困難であるため、出来上がった商品は配送されることが増えるでしょう。

■店舗のショーケース化、商品・販売員配置の最適化

　従来通りの在庫販売の場合にも、店舗の役割は変化すると思われます。店舗の役割としては、商品を体感することとブランドや企業とのコミュニケーションが重視されるようになり、その場に大量の在庫を置くことはなくなると思われます。その場で商品を試し、気に入った場合は契約後、指定の商品を別の場所から配送する方式が増加するでしょう。

　これは、ユーザーの持ち帰る負担軽減にもなりますが、同時に店舗運営上も面積の最小化や売り場構成のフレキシビリティー、在庫管理の手間削減など大きなメリットが期待されます。また、在庫を抱えな

い場合には、ショッピングセンターやデパート、モールなど、複数の
ブランドや商品を扱う小売店の場合にも、コンビニエンスストアの棚
割りのように、季節や時刻に応じて売り場の場所や面積、販売員の配
置についてフレキシブルに変動させることが可能になります。

　このような事柄は、リアルタイムな各種のデータ収集と連動して、
ビッグデータ分析やAIを活用した来店・需要予測、来店誘致などの
活動と連携しながら進められるようになるでしょう。

■商業スペースのタイムシェアリングと「位置」の持つ価値

　実店舗の形態に関しては、よりいっそう進化した新たな形態も考え
られます。それは、建物の一角、屋上、広場などといった多目的に利
用可能なスペースを、タイムシェアリングで利用するという店舗形態
です。現在すでに登場し始めている例としては、ビジネス街などおい
てランチタイムのみに登場するフードサービスのためのワゴン販売車
などがあげられます。ニーズが見込まれるタイミングに限定して、移
動販売車などを用いて店舗として運営するための最低限必要な設備ご
と商品を持ち込み、場所を借りて商売をするこのような形式は今後さ
らに増加し、データ主導型社会における店舗運営の一つのメジャーな
形式になる可能性があります。

　このような方向性において重要なことは、いかに個々の商売に適し
た場所を見つけ出すことができるか、です。そしてそのためには、単
に空きスペースを見つけ出すことだけでなく、そのスペースの持つ特
性、例えば交通量やその増減の起こるタイミング、さらにその背景と
なる周辺に現れる人々の1日の生活サイクルや、商品の購入意思に関
連するライフスタイルや嗜好性等といったニーズにつながる情報まで
も、事前にしっかりと把握していくことが求められ、その情報に従っ
て必要な時刻・時間帯のみその場所の利用権を買う、ということが必

要になります。つまり、地価や場所の利用料の考え方すらも、時刻や時間帯によって価値が変わるといったことが起こり始める可能性があります。このような店舗形態では、そもそも店舗そのものが移動型であることから、クルマとの関係性がより深くなり、B to B to C用途の車両として新しい1分野を築いていく可能性もあります。

　また、このような店舗形態の変化とモビリティーのあり方を考え合わせてみると、人とモノの移動に関する今後の一つの新しい傾向が見出せます。それは従来、店舗というものはマス向けに立地が良いと思われる場所に構えられることが重要で、ニーズを持った消費者側はその場所を目掛けて出向いていくことが必要でした。そしてその際の移動は、主に田舎から都会へといった移動のように、その間の距離の克服に重点が置かれ、行きたい場所までの距離をいかにストレスを感じることなく早く到達できるか、ということがモビリティーの重要な役割となっていました。

　しかし今後は、様々なデータを活用することで、そのような観点に加えて、例えば先ほどの移動店舗のように、出店者側がニーズがあると思われる特定の場所と時刻を狙って出向いていくということが可能になります。そしてそのような世界においては、モビリティーの持つ機能として、それぞれの利用者のビジネスや価値観に照らし合わせて「位置」が持つ価値や特性を見つけ出し、その「価値ある位置」「魅力的な特性を持つ場所」へ正確に到達させる、という新しいタイプのナビゲーション機能が新しく求められ、加わっていく可能性があります。

1-2-2 農業、フードビジネス

　農業、フードビジネスを含む分野は、現在フードテックとして注目

を集め、多くの投資が進んでいる分野です。世界的に見た時、ベンチャーキャピタルなどによるスタートアップへの投資規模は年々増加していますが、その中でもフードテック関連のスタートアップへの投資はより高い増加幅を見せています。

■定時・定量・定品質な供給

データ主導型の社会への移行という観点で、様々な試行錯誤が行われているのが、スマートファームや農業の工業化（畜産、漁業も同様）です。具体的には、土壌や大気などの環境をセンシングし、必要な水や肥料や農薬などの投与をコントロールする程度のものから、野菜工場などで収穫予定時期に合わせて日照や肥料投与を調整し、農産物の生育をコントロールしたりするものまで、その実現レベルは様々です。先進国での後継者問題なども反映し、省人化の観点も合わせて、取組みが広がっています。このほか、農産物の生育状況の確認や病害虫の検出・駆除などに、ドローンやロボットなども活用されはじめ、話題を呼んでいます。

このような取組みの結果、将来的には食糧は生産調整が可能になると言われています。そのような世界では、消費量に合わせて供給量をコントロールするデマンドベースの流通となり、同時に流通過程での廃棄などの無駄削減も含めた全体的な効率化が図られる方向に進むと考えられます。

品種改良の分野でも、遺伝子組み換えなどの技術の向上や低価格での実施が可能となりつつあることから、このような生産調整を行いやすいという観点や、病害虫や環境変動の影響に強いもの、特定の栄養素を多く含む種など、様々な観点から今後はより多くのバリエーションが作られることになると予想されています。さらに、リスク管理の観点から、貯蔵や長期的な鮮度維持についても、質の向上や、長期的

1章　技術の進化予測概要と、社会・個人のライフスタイルの変化予測

な保存について研究開発が盛んに行われています。

■ 代替食品

　また、食糧生産に関しては、農業、畜産業、漁業といった従来型の生産方法に加え、従来とは全く異なる食材の生産方法が始まりつつあります。一つは、代替食品の分野です。代替食品とは、植物原料たまごや、昆虫を原料にした動物性たんぱく質の食品など、従来の原料とは異なる素材を活用した食糧生産技術です。

　この分野は、現在実用化が進んでおり、主に畜産における動物愛護の観点や健康管理（ダイエット）の観点、アレルギー用の除去食など様々な意味合いから徐々に市場を伸ばしつつあります。特に、動物の権利を保護しようとする動きは、ヨーロッパなどで急速に深まりを見せ始めており、食材となる生き物の取扱いに関して、輸送時や加工時の方法について、生き物に苦痛を強いない方法を求める規制などができつつあります。このような方向性が強まれば、フォアグラなどに代表される、動物に大きな負担を強いる食材の生産方法は、世界的に規制の対象となる可能性があります。

　一方で、代替食のように他の食材を加工するのではなく、タンパク質そのものを合成するなどの方法で食糧生産を行うことも今後は増加する可能性があります。現在、現実的に検討されているものとしては、卵やミルクなどがあり、そのようなものは今後は動物を飼うことで得るのではなく、合成工場で生産されるようになる可能性があります。

　このような食品生産に3Dプリンターを活用しようとする検討がなされています。先に挙げたフォアグラや肉類などは、このような方法で生産される可能性もあります。このような方法は、いずれも、食品の安定供給の観点からは有効です。このように農業やフードテックの

49

分野では、まず供給側に大きな変化が予想され、様々な研究開発や投資が進められています。

■家庭での食生活の変化

一方、消費や流通に関しても、今後は変化が起こる見込みです。先進国では社会全体での労働力不足を補うため、家事負担の軽減が必要となり、家庭での調理は今後ゆるやかに簡略化すると考えられます。

共働き世帯では、日々の食事はできるだけ手間をかけず、家庭での責任は食材を購入し調理して提供するという労働力提供から、様々に準備された食品を組み合わせて、家族に合わせた適切な栄養管理を行う、ヘルスマネジメントの観点に比重が置かれていくものと思われます。料理そのものは、趣味性の高いものとなっていくでしょう。

さらに、このような傾向は高齢者世帯ではより顕著なものとなると想定され、日々の食事を家庭で準備することが減り、宅配食など調理済み食品の定期的な提供を行うサービス利用が増加するものと考えられます。

■第6次産業、鮮度維持、宅配フードビジネスの拡大

このような方向性において消費者は、食品の提供者に対し、食品の衛生面や鮮度などの品質管理徹底を求め、さらには栄養管理の責任さえも求める方向性に進むと考えられます。しかし、食材の提供が中心だった従来のフードチェーンに比べ、今後、流通段階が増加、複雑化していく中においては、衛生管理と鮮度管理およびそれらをトータルでどのように保証するかは難しい問題となります。今後、仕組みづくりが重要な課題となります。

■流通、物流への変化

このように、食品生産の工業化が進むと、生産拠点に関して従来のような広大な農地や海や川の沿岸など立地に関する制約が減り、鮮度管理や運搬効率の観点から、市場の近くで生産が行われるようになる可能性があります。このような変化を考慮すると、食品の物流量の変化は短距離化が進む可能性はあるものの、一方で小口化や頻度は高まる可能性もあり不透明です。

現在のところ、加工にかかわる食材の移動が増加していることから、日本では物流量全体における食品の割合は、わずかながら増加の傾向をたどっており、冷蔵・冷凍などの輸送サービス需要は増しています。

また、今後は、宅配食など、消費者への末端の輸送ニーズは拡大傾向にあるために、今後は定時性や、こまわり、従来の出前やピザの宅配のような温かいものを温かいうちに届けるといった価値も重視され、付加価値の高い輸送を求められる傾向となることが予測されます。

1-2-3 教育

■スマートスクール、教育のパーソナライズ化

教育分野では今後、ネットワーク化とデジタル化が進むとされています。日本では、文部科学省の構想により、スマートスクールとして学校、地域、家庭、企業、教育委員会などの行政をネットワークでつなぎ、教材データや事務学習記録データなどを共有できるための環境整備を進める計画を進めています。このような方向性は、将来に向けてより効率の良い学習指導、教材の開発、学級や学校経営の効率化などに役立てられようとしています。

このような方向性について、現在の先進事例では、すでに北米など
で個人の学習状況をモニタリングして、個々に合わせたカリキュラム
を構成する教育のパーソナライズといった取組みが進められていま
す。デジタル化・ネットワーク化された教材を活用することで、生徒
一人一人がどのような点でつまずきがちであるのかや、問題解決に必
要とした時間、ヒントの数などをデータとして取得することが可能で
す。このような教材の開発や、それらを利用した教育の場などが、現
在すでに登場し始めています。

　2030年頃の将来においては、このような方向性がさらに進み、一
人一人に必要とされる学習効果の高い教材やカリキュラムなどが、
AIで自動的に提案されるようになると思われます。2050年頃に向け
ては、脳の仕組みの解明により、さらに学習効率の良い、新たな教育
方法の開発も期待されています。そして、このようなデータがネット
ワークで共有されることにより、個人の能力というものも、データ的
に見える化されていくと思われ、その結果、就職活動などにおける企
業や職種とのマッチングにも活用される可能性があると予測されてい
ます。

■ アクティブラーニング

　教育のもう一つのトレンドとなっているのが、アクティブラーニン
グです。アクティブラーニングとは、「学修者が能動的に学修するこ
とによって、認知的、倫理的、社会的能力、教養、知識、経験を含め
た汎用的能力の育成を図る」学修（能動的学修）のこと、と定義され
ています。

　具体的には、発見学習、問題解決学習、体験学習、調査学習、教室
内でのグループ・ディスカッション、ディベート、グループ・ワーク
など様々な学び方を含んでいます。人とモノの移動に関連する事柄と

しては、教育現場において、ICTの活用が進む一方、このような学び方の推進がされていることから、物理的な通学が不要になるという方向性は、現在のところ出ていません。

■AR・VRの教育への活用

しかし、学校という場が子供が通って学ぶ場であることは変わりませんが、その場所が、より体験的であるために、AR・VRおよびICTがより深く活用されることは検討されています。AR、特にVRの活用は、今後重要とされる理数工学についての教育に対して有効とされ、その活用方法に関して研究が進められています。

VRを学習に取り込むメリットの一つとしては、教育のパーソナライズとの関連があげられています。例えば、モノの観察をする場合に、一つの対象をどのような方向から見るか、さらにどこまで細かく拡大して見ていくかなど、個人の興味に応じて深め方をどこまでも変化させることができるからです。

例えば、カエルの解剖などもVRで実際に体験するような感覚を持ちつつ、仮想化することが可能です。子供の体の動きなどに対応して、対象を実物を見るのと同じように見せることができる点も、より子供たちを集中させ、没入的に学習を深めることに役立ちます。このようにAR・VRを活用することで、子供たちの「もっと知りたい」欲求にどこまでも応えられる教材を開発することが可能です。

AR・VRはアクティブラーニングの1要素として、現実的な体験を得ることが不可能な分野について、それを体験的かつインタラクティブに学ぶためのツールになります。また、実験などに関しても、安全性や様々な環境整備の観点を気にすることなく行うことが可能です。社会見学などといった分野でも、物理的な移動などに比べて時間的・金銭的な負担も少なくて済むことから、実際の体験の置き換えとして

の活用も期待されています。

■eラーニング

　学校という場が、学びを深め、より効率的に学ぶための専門の場としてあり続ける方向性は変わりません。このため、eラーニングがその置換えになる可能性は、2030〜40年頃の将来においてあまり考えられていません。しかし、現在すでにeラーニングというと、中国などで人気の高い一流大学の講座を受講できるサービスや、予備校の授業を遠隔で受講できるサービスが一般的で人気がありますが、このような学校教育以外の選択的な学びの場としては、成長すると思われます。

　そのため、今後はこのような個別のサービスだけでなく、コンテンツを提供者側が自由に登録し、利用者も自由に選択して受講し、支払いも行う、いわば教育版の通信販売プラットフォームといったものが増えていくと思われます。このようなプラットフォームの登場と広まりは、コンテンツのバリエーションを増加させ、よりニッチな領域に関しても、気軽に学べる場の提供が可能となると思われます。

　つまり、eラーニングは学校の置き換えになるというよりは、主に社会人向けのスキルアップや、子供の場合は習い事の選択肢の一部として、付加的な学びの場として広がっていくことが予想されます。そして、そのような領域に関しては、移動を伴わずに様々な学習が可能となるでしょう。

1-2-4　医療・介護・保育と、ライフワークバランス

　個人のライフスタイルの観点から考えると、医療や介護・福祉、さらに保育の分野は、働く世代のライフワークバランスへの影響が大き

く、個人のライフスタイルにとって大きな制約になります。

■ マクロ課題への対策概要

　先進国では今後、少子高齢化によって引き起こされる問題点と課題への対応が非常に緊急性の高いものになっています。その内容には大きく分けて2種類があります。

　一つは、目下の課題である医療や福祉にかかる費用の抑制と、十分なサービス体制の維持を進めることです。財政悪化のために社会保障サービスなどに制約が出る前に、高齢者を始めとするすべての人が健康管理の習慣を持ち、健康寿命を延ばし、生き生きと社会で活躍し続けてもらうことが重要なのです。この中で、重要とされる対策には、医療や介護に関わる働き手の不足に対応するため、この分野でも情報技術の活用により省人化・効率化を図ろうとすることと、予防医学の観点から健康寿命を延ばすことがあり、それらの両建てで対応を取ろうとされています。

　もう一つは、少子化問題であり、より根本的な問題であり長期的な対策が求められる課題です。少子化に歯止めをかけるためには、働く世代が働きながら安心して子供を産み育てられる環境を整えることが必要です。しかし、目下の課題でもある国全体での労働力不足に対応するため、特に女性の就労を促進しようとする試みも同時に進められており、これらのことを両立するためには、現在多くの国で女性への偏りが続いている介護・家事・育児の負担を軽減していくことが重要です。つまり、医療・介護・保育と、ライフワークバランスの分野は、密接に関連しながら、問題を複雑化しています。

　この後は、それらの問題解決を目指してどのような進化や変化が起こるのか、そして人とモノの移動に関わる要素は何なのかを考えていこうと思います。

■地域包括ケア、地域ヘルスケアビジネス事業化プラットフォーム

まず、先に示した対策概要のうち、主に高齢者の自立した生活や日々のヘルスケアを効率よく支援し、できるだけ特別な医療や介護施設に頼らずに在宅で生活できる高齢者を増やすということのために、日本ではICTを活用した地域ぐるみのネットワーク構築を進め、それらをビジネスとして育成しようとする動きがあります。具体的には、地域包括ケア構想、地域ヘルスケアビジネス事業化プラットフォーム（仮称）などがそれに当たります。

地域包括ケア構想の考え方は、「介護・リハビリテーション」「医療・看護」体制と、そこに至る前段階や、事後のケアを担う「保健・福祉」「介護予防・生活支援」、さらにその周辺の住まいと住まい方、食事の宅配サービスや家事代行なども含めた総合的な在宅支援の体制を総合的に検討するというものです。狙いとしては、できるだけ介護や医療に至る前段階で未然防止の観点を充実させ、また一度そのようなケアを必要とした場合にも早期に自立した生活に復帰させることを目指しており、それらを成立させるための根本的な取組みとして、各構成要素の間をネットワークで接続し、必要なデータをリアルタイムに共有できる仕組み作りについても、あわせて検討されています。

また、地域ヘルスケアビジネス事業化プラットフォーム（仮称）では、ヘルスケア産業育成のため、地域ニーズに密着したヘルスケアビジネスの創出、ビジネス化支援、人材育成などを後押しするプログラムを実施しています。このプログラムの中では、健康関連データとその流通や利用に関し、フォーマットを整備するなど、データ活用のための基盤整備を進め、将来は医療データとの連携も視野に入れるとしており、ここでも、ヘルスケアビジネスの育成を情報技術の活用により進めようという考えが読み取れます。このプログラムの中では、健康関連データとその流通や利用に関し、フォーマットを整備するな

ど、データ活用のための基盤整備を進め、将来は医療データとの連携
も視野に入れるとしており、ヘルスケアビジネスの育成を情報技術の
活用により進めようという考えが読み取れます。

■データ主導型の健康管理、予防医学

　このように、今後、医療データとして活用されるためのフォーマッ
トやデータの備えるべき要件、規格化・標準化などが進められ、各種
規制が緩和されれば、医療に対し、個人が現在以上に積極的な関与を
する方向性になることは、容易に想像できます。すでに北米などで
は、個人が日常的に収集した健康に関するデータ（体温、血圧、脈拍
など）を医師の診断に活用する試みは始まりつつあります。

　2030～40年頃においては、このような医師と患者の関係性は当た
り前になり、同時にセンサーの進化や、AIによる画像診断、体液を
活用した疾病の検出など、簡易的な検査・診断を可能にする技術が進
めば、個人が日々の健康管理の範囲で可能なことがらは増加していく
ものと思われ、予防医学や健康寿命の延長という課題に対し、大きく
貢献していくものと思われます。

■日々の健康管理に基づく保険料の変化

　このような方向性の中、変化が起き始めているのが保険の分野で
す。現在すでに変化しつつある生命保険の在り方の一つとして、運動
や食事制限などを行うことで、それが保険料などに反映されるという
ものがあります。

　すでに、損害保険の分野では、走った分だけ支払う自動車保険など
が存在しますが、生命保険なども同様に日々の健康管理のための運動
に取り組んだ場合にはその消費カロリーについて、食事制限の場合は
食べたもののカロリーについて、それぞれ計算し、その数値と健康診

断などの結果を活用して保険料率が変化したりするものです。

■バーチャルホスピタル、遠隔診療

しかし、マクロ課題への対策の主眼が、このような予防や日々の健康管理に向いている一方、すでに高齢化地方や過疎地などでは、医療や介護を必要とする状態にもかかわらず、それらの人々に対し十分な病床数が確保できない、そもそも病院がないなどの事態が起こり始めていることも事実です。そこで、米欧をはじめとする先進国では、一部地域からバーチャルホスピタルの取組みが始まっています。

バーチャルホスピタルでは、総合病院と診療所、自宅などをネットワーク環境で結び、日常の健康管理データや医療記録・カルテなどの情報を共有することで、専門医など多数の医師による診察を実現したり、在宅環境へ医師や看護師を派遣することで、通信を通じて遠隔診療や医療関連支援を行うというものです。同様の取組みは介護などの分野でも進み始めています。

しかし、現在行われている遠隔診療の多くは、テレビ電話など音声と映像を用いたものです。また、ウェアラブル機器など非接触で収集可能なデータでは、本格的に医療に活用するために十分とは言えない場合が多く、遠隔診療などにおいて、初期の診察で何らかの異常が発見された場合には、より精密な検査などのために、専門設備の備えられた病院などへ足を運ぶ必要性があります。この点については、体内埋め込み型のセンサーなどの研究開発が進められていますが、2030〜40年頃に大きく普及するには至らない見込みです。

■医療・介護・福祉分野における人の移動に関する影響

現在、医療・介護・福祉などの分野のサービスを受けるためには専門施設に移動しなければならないということがあります。そしてその

ことが、本人の移動のみならず、それに付き添う人たちの移動も伴い、彼らの日常生活においても大きな負担になっています。

このような観点から見ると、この分野の今後の進化は、簡易的な日常の健康管理や診察は手軽さが増しますが、異常時の対応は現在同様、専門施設の役割として引き続き残ると思われ、それほど大きく事態が変化するとはいえそうにありません。また、2030年頃においては、在宅でのサービス提供は、患者が施設へ通う負担は減りますが、医師や看護師などの移動を必要とする場合が多く、それらの人々の移動の負担は増す可能性があります。

■保育に関わる負担

続いては、保育分野の変化について確認してみましょう。世界的には、保育サービスは充実する方向性にあり、数の問題はやがて解消されるものと思われます。欧米など海外では、一定年齢以下の子供を独り歩きさせたり、一人で家で留守番をさせたりすることについて、法律的に禁止されている場合があり、子供の送り迎えと、帰宅後の付き添いは保護者の義務となっています。そのため、その代行をするベビーシッターなどのサービスも充実しています。

日本などでは、現在はそのような法規的・文化的背景が異なるため、ベビーシッターの利用はそれほど多くなく、保育園など専用施設において提供されるサービスを利用する場合がほとんどです。このように、子育てを巡る環境は、国や地域によって大きく背景が異なり、一概に世界的なソリューションが提供されることは少なくなっています。

しかし、どのような場合においても、保育サービスを利用するための送り迎えやシッターの移動などの負担は伴い、特に送迎に関しては働く親にとって、通勤とあわせて日常の中で多くの時間を拘束する事

柄となり、負担は決して少なくなく、各国・地域共通の問題となっています。

■保育ステーション・サテライト保育、企業保育所

　現在日本では、そのような親の送り迎えの負担を軽減する目的のサービスが登場し始めています。保育ステーション・サテライト保育とは、まずマンションや駅に設けられた保育所などに子供を預け、子供たちはその後そこから別の保育園へ送迎される仕組みです。これにより、通勤と保育園への送迎を効率化します。このような取組みは一部の自治体や民間レベルで先行事例があります。

　日本の場合、国全体としての取組みは、企業保育所の設置促進があげられます。通勤と保育園への送迎を効率化することと、そもそも働く女性の増加を目指して保育園の枠を増加させる目的で進められています。流通業界などで積極的な取組みが進んでいます。

■サテライトオフィス、テレワーク、職住近接

　また、このような子育てと仕事を両立するための負担軽減策として、有望視されているのが、テレワークです。テレワークは徐々に浸透しつつありますが、2030〜40年頃を想定すると、それをささえる技術的なイノベーションは、さほど大きなものになる見込みはありません。VRや通信の進化によって、利用しやすい環境は整っていくものと思われますが、すべての業務を移動することなくこなすことができるレベルには達しないでしょう。

　しかし、一方で、マクロ課題の解決という観点から、移動すること自体が負担視される傾向は強まると思われ、そのような観点がテレワークや出張などビジネス面での移動を縮小させる後押しになる可能性はあります。他の事例としては、企業側の取組みとして、サテライ

トオフィスなど、都市の中心部以外のエリアにも簡易的なオフィスを設置してそこへの通勤でも業務をこなせるようにするなどの取組みがあります。

また、個人レベルでは、住職近接など、通勤先の近くに住居を構えて移動の距離自体を短くしようとする人々もいますが、このような取組みは個人の価値観に依存する事柄となっており、一方で、都会を離れて郊外のより落ち着いた環境で家庭を待ちたいという価値観も増えていることなどから、全体としては、多様化する価値観の一つにとどまる見込みです。

■ 保育と通勤にかかわる移動の変化

このように子育てと仕事の両立の観点で、保育・働き方双方の変化は、さほど大きなものではなさそうです。教育の進化を考え合わせても、特にそれに伴う送り迎えの負担を劇的に軽減するような要素は見当たらず、人とモノの移動を決定的に変化させることは起こらないと思われます。各個人の仕事・各家庭の状況が千差万別であることなどからも、行政からの介入でも、大きく全体を変化させるほどの仕組み作りは難しいでしょう。

それらを含めた人とモノの移動全体を最適化するという観点では、交通システムにおける交通流の最適化などがありますが、その分野においても2030〜40年頃においては、タイムシフトや、マルチモーダルなど、情報提供にとどまる見込みです。

1-2-5 人とモノの移動に関わる変化のまとめ

最後に、モノづくりから保育まで、すべての領域において、これまで見てきた個々の領域の変化をまとめてみましょう。各領域で起こる

変化のポイントは、情報技術の活用、データ主導型社会の特徴（イノベーション、クオリティーコントロール、効率化・全体最適・省人化）と照らし合わせて考えると、以下のようになっていると考えられます。その結果、モノづくりや農業分野で、物流には大きな影響が出ると思われ、一方、人の流れに関しては各分野を通じて大きな変化は見込まれません。

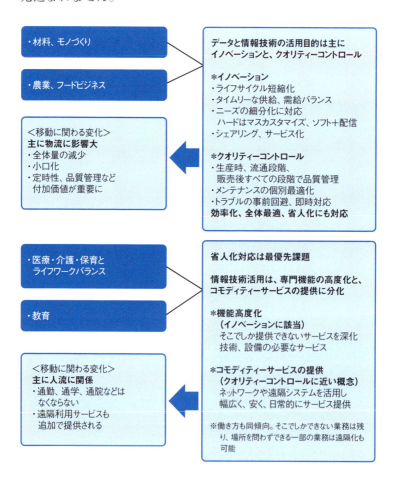

2章
クルマメーカーにとってのビジネスチャンス

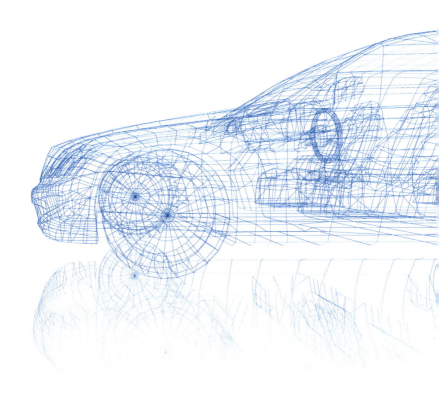

2-1 クルマビジネスの環境変化と 脅威/チャンス

　この章では、これまで見てきた技術進化、および社会や個人のライフスタイルの変化を踏まえ、クルマビジネスにおける環境変化、脅威、チャンスなどを整理します。

2-1-1　クルマメーカーを取り巻くビジネス環境の整理

■ クルマの進化に対する社会の期待

　導入部で記載したように、クルマの進化は環境負荷の低減、省人化などの社会問題の解決策として、大きく期待を寄せられています。各国・地域の政府機関も、クルマのイノベーション*を促進し、自らの国や地域にその恩恵をもたらそうと、法整備や予算確保などを進めています。経済界からも、IoT化が進む具体的かつ代表的な事業分野として、他業種からの参入や投資が積極的に行われています。

　このような動きは、すでに世界的な潮流となっており、クルマの進化は社会を大きく変える中心的な事象と捉えられています。そのため、もはやクルマ業界が望むか否かを問わず、外圧による進展が今後しばらくは継続すると予測されています。100年に1度と言われるクルマの変革は、既存のクルマメーカーのみならず、他業種やベンチャーなどの新たなプレーヤーにとっても大きなチャンスなのです。

---

*クルマのイノベーションを通じて、主に以下の問題解決が求められています。（1）環境負荷の低減（エネルギー転換、効率的な活用など）、（2）先進国では輸送における省人化（労働力不足への対応）、（3）交通事故の削減、（4）渋滞削減など交通流の改善、です。

2-1-1-1 クルマのつくりとサプライチェーンの変化

■IT業界からの期待

特にIT業界からのプレーヤーは、クルマがコネクティッド化され、自動運転技術が実現されていく過程において、そこには膨大なデータの通信や処理が生まれ、高速な計算処理を行うプロセッサーや、高精細なセンサー、大規模なデータ活用のためのインフラが必要となることを、クルマ業界内のプレーヤー以上に気づいています。

そのような世界観はスマートフォンなどのそれに近く思われるために、IT系のプレーヤーには親しみやすく感じられるでしょう。またクルマにはそれなりの台数規模があり、かつ1台1台の価格が高価なことから、市場ポテンシャルも高く見積もられています。

そのため、半導体メーカーから、クラウド事業者まで、様々なレイヤーのプレーヤーが、自社のソリューションをクルマに活用し、自動運転領域にもビジネスを拡大しようとしており、このような動きは、グローバル経済全体の一大トレンドとなっています。

■クルマのつくりとサプライチェーンの変化①＜電子化＞

一方、クルマ業界にも自らクルマの電子化に取り組んできた歴史があります。また、自動運転・コネクティッド化・電動化の技術開発の中においても情報技術をクルマに取り込み、それらの技術革新をできるだけ主体的に実現したいと考えています。

そのような中、クルマのつくりと作り方にも徐々に変化が起きています。まず、クルマの電子化によって、ECUの搭載が進み、メカによる制御が徐々に半導体とソフトウェアによる制御に置き換わりつつあります。それに伴い、技術開発や設計手法、それに関わるサプライヤー、さらに修理やメンテナンスの方法やその担い手などに変化が

起きています。

■ **クルマのつくりとサプライチェーンの変化②＜コネクティッド化＞**

次に、クルマのコネクティッド化においては、コネクティッドカーのデータは全て車種やモデルを超えて統一的に扱われなければ非効率である、という課題が生じました。データセンターと通信し、クルマや周囲の状況を判断したり、それに応じたサービスを提供するための仕組みは大規模で、個々の車種で回収できる規模の投資ではありません。車種をまたいで広く、より多くのクルマを対象にサービス提供を行うことが現実的です。

そのためには、クルマのデータの形式やそれを扱うコマンド類、さらにセキュリティーを含めたクルマの通信仕様の統一が必要となりました。このことにより、クルマのモデルごと、部品ごとに垂直統合されていたクルマのサプライチェーンに横串を指す水平分業の考え方が必要となったのです。

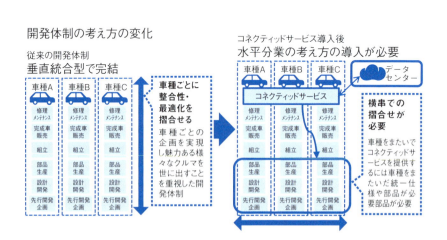

■水平分業化がもたらした部品サプライヤーの戦略変化

　水平分業の導入は、クルマメーカーのみならず、部品メーカーにとっても大きな変化です。部品メーカーの立場からみると、クルマメーカーの中で車種をまたいで水平分業化を行い、そこで部品の共通化が行われれば、自らのビジネスにおいてはシェアを一気に伸ばすか失うか、どちらかになります。

　さらに、メガサプライヤーと呼ばれる複数のクルマメーカーに部品を納めるメーカーの視点で見ると、車種をまたいだ水平分業化はクルマメーカーをもまたいだ水平分業化という発想につながります。このように、コネクティッド化によってもたらされた水平分業化という考え方は、クルマの部品サプライヤーの戦い方に大きな変化を起こし始め、そのことが水平分業化を得意とするIT企業の参入意欲につながっています。

■IT企業の参入

　クルマメーカーとIT企業との具体的なビジネスの本格化は、マルチメディア領域での通信や外部コンテンツの活用、持ち込み機器連携、さらに車載器の機能性能向上などでした。これをきっかけに、IT事業者は水平分業化されたパーツの担い手として、クルマのサプライチェーンに入り込み始めます。しかし、当初は、主にクルマの基本機能には直結しないカーマルチメディアやテレマティクスの領域に閉じていたこともあり、クルマ全体のサプライチェーンにはそれほど大きな影響は及ぼしていませんでした。

■自動運転に向けた横串プレーヤーの影響力拡大

　しかし、その後、クルマの開発競争が自動運転の実現に及ぶようになると、事態は変化し始めます。自動運転のためには、マルチメディ

アやテレマティクスサービスとは比較にならないほど、ハイレベルな情報技術を必要とし、さらにそれがクルマの基本機能を担う制御の領域で利用されることになります。

例えば、様々な状況判断のために多くのセンサー情報が必要になり、それらを統合的に扱える仕組みが必要になります。また、クルマの制御の多くが電子化され、そのためのソフトウェア自体も柔軟性を持ち、クルマのモデルライフ中にも、ソフトウェア（アルゴリズム）の進化に応じて書き換えられることを前提としたものに変化します。さらに、それらはすべてのクルマにおいて統一化されたP/F上で扱うことができるように標準化・共通化されたものになっていなくてはなりません。

つまり、自動運転の世界においては、クルマのサプライチェーンの中で水平分業化される領域が増え、重要度も増すことになるのです。それはすなわち、水平プレーヤーの存在感やビジネス規模が従来の部品サプライヤーに対し、各段に大きくなることを意味します。そして現在、実情としてその水平プレーヤーとは、多くの場合、IT業界からの新規参入プレーヤーであるためにクルマ外の技術や企業との関係

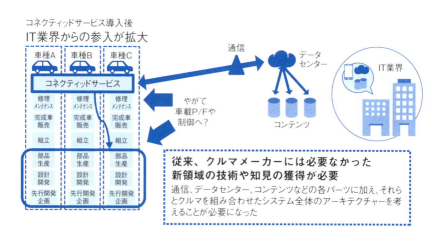

性をどう規定するかが、クルマメーカーにとって重要な判断ポイントとなっています。

2-1-1-2 クルマに求められる価値と販売・アフターサービスの変化

■社会から求められるクルマの在り様

これまでに見てきた通り、マクロ課題の解決はグローバル社会において非常に重要な課題です。そのため、まずクルマにおける必須の課題として、環境負荷の低いクルマになることがあります。

すでに過去から、ガソリン車やディーゼル車の改良として、様々なエコ技術が導入されてきていますが、近年では単なる環境負荷の低さの追求に留まらず、石油の枯渇に対する懸念などに代表されるエネルギーセキュリティー（エネルギー安全保障）の観点がより重視されつつあること、また代替エネルギーの生成や利用に関する技術的な進化など様々な要因により、ここ数年で欧州や中国を中心として世界の国々は大きくEV化への転換を進めています。また、同様の観点から、EV化と同時に進みつつあることが、シェアリングなどによるクルマそのものの数の減少を目指す方向性です。

このような方向性で顕著な動きは、一定区域内へのクルマそのものの乗り入れを規制したりするものがあります。このような規制の主な目的は、地域ごとに若干の違いはありますが、主には特定の都市レベルで温室効果ガスの削減目標を達成するためや、その他の大気汚染の軽減、都市部の渋滞の深刻化を回避するためなどです。

また、環境負荷という観点のほかにも、先進国での省人化・効率化の観点は、物流や交通機関の運営のために、クルマの運転の自動化が強く求められています。このように、マクロ課題の解決という観点だけをとっても、クルマには、様々な変化を求められています。

■ユーザーの価値観の変化

　クルマが変わる一方で、将来に向けてはクルマに関わるユーザーの価値観も変化すると言われています。最も大きな変化は、シェアリングエコノミーの拡大です。従来、クルマの利用方法は、自家用車を購入して財産として所有し、日々メンテナンスしながら自分で運転するという利用方法が主流でした。

　しかし、今後は経済的合理性を重視するユーザーが増え、カーシェアやレンタル、リースなど、クルマを必要な時だけ利用するようなサービスモデルでの利用法に変化していくと言われています。また、自動運転が実現した場合には、さらにクルマに対して求められる価値が変化します。

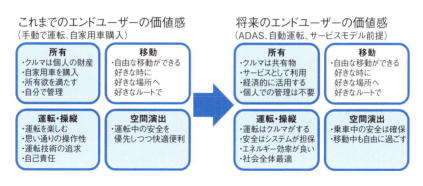

　上記は、クルマの持つ価値を四つの領域に分類したものですが、従来の価値観と将来（自動運転、サービスモデル前提の場合）の価値観を比較してみると、「移動」を除く、「所有」「運転・操縦」「空間演出」の3領域では、価値観がまったく異なるものになると想像されます。

■販売（モデルミックス）の変化

　このように、クルマそのもののサプライチェーンに変化が起き、同時にユーザーの価値観の変化も予想されるために、クルマビジネスにお

いて販売やアフターサービスの分野でも、今後大きな変化が起きます。

　まず、シェアリングエコノミーの拡大により、ユーザーがクルマを
サービスとして利用するようになると、クルマの販売方法が変わります。
サービス利用を前提とするクルマは、法人かそれに準ずる個人の顧客
が購入することになります。そのため、クルマの販売において個人ユー
ザーの割合が減り、法人顧客が増加することになります。個人顧客と
法人顧客では、クルマに求める価値感が異なるため、販売現場で必要
なラインナップや、アフターサービスに関する考え方が変わります。

■ 個人顧客と法人顧客の求める価値の違い

　法人顧客の求める価値は、個人ユーザーのそれとは何が違うでしょ
うか[*]。想定される価値観を書き出してみると、「所有」と「空間演

これまでのエンドユーザーの価値感
（手動で運転、自家用車購入）

所有
・クルマは個人の財産
・自家用車を購入
・所有欲を満たす
・自分で管理

移動
・自由な移動ができる
　好きな時に
　好きな場所へ
　好きなルートで

運転・操縦
・運転を楽しむ
・思い通りの操作性
・運転技術の追求
・自己責任

空間演出
・運転中の安全を
　優先しつつ快適便利

将来のエンドユーザーの価値感
（ADAS、自動運転、サービスモデル前提）

所有
・クルマは共有物
・サービスとして利用
・経済的に活用する
・個人での管理は不要

移動
・自由な移動ができる
　好きな時に
　好きな場所へ
　好きなルートで

運転・操縦
・運転はクルマがする
・安全はシステムが担保
・エネルギー効率が良い
・社会全体最適

空間演出
・乗車中の安全は確保
・移動中も自由に過ごす

将来の法人顧客の価値感
（ADAS、自動運転、サービスモデル前提）

所有
・事業の道具として保持
・購入/メーカーから借用
・耐久性、稼働率重視
・まとめて手間なく管理

移動
・自由な移動ができる
　好きな時に
　好きな場所へ
　好きなルートで

運転・操縦
・運転はクルマがする
・安全はシステムが担保
・エネルギー効率が良い
・社会全体最適

空間演出
・乗車中の安全は確保
・移動中も自由に過ごす
・万人受け
・最低限の快適便利

*サービスとしてクルマを利用するユーザーに
とって重要な価値は、自らの利用中には利用
している製品が最新化されていることと、利
用中にトラブルなどなくスムーズな使用がで
きることです。一方、大量のクルマを管理する
ことになるモビリティー事業者にとっては、ク
ルマのメンテナンスをいかに効率的に的確
に行うことができるか、つまり耐久性や安定
性など、事業の前提となる設備として稼働率
が確保できることが重要な観点になります。
クルマのハードそのものの品質と、それが日
々問題なく提供され続けていることを証明す
るシステムがクルマメーカーにとって重要な
武器となります。

出」の領域について違いが出ると想定されます。

■求められるラインナップ（仕様、価格）の変化

　具体的には、販売現場で必要とされるラインナップの違いとして現れます。個人所有を前提とした販売の場合は、個人の家族構成やライフスタイルなど、個人の趣味や志向に応じて多くのラインナップを準備し、売り分けていく必要がありますが、そういった必要性は今後、個人と法人の顧客割合の変化に応じて薄れるでしょう。

　代わりに必要になることは、用途に応じた作り分けです。例えば、シェアリングなどの場合、エンドユーザーは必要な時に必要な目的のためだけにクルマを選んで使うため、その時の使い方にどれだけ合ったクルマであるかといったことが選ばれるクルマになるために重要になります。

　具体的には、例えば、夏休みに家族で数日間のキャンプに出掛ける場合と、週末の楽しみのために一人で数時間、海辺へサーフィンに出かける場合、ビジネスパートナーと乗り合わせてゴルフのコンペに行く場合、恋人と記念日のための特別におしゃれなディナーに出かける場合などでは、同じように余暇のためのクルマの利用であっても、必要なクルマの仕様は異なります。つまり、クルマは個人にとってTPOに合わせて選ぶものに変化するのです。

　また、より広く、事業目的のためにクルマを活用する場合では、ピザや出前の宅配にクルマを利用する場合、コンビニエンスストアやスーパーの出張店舗としてクルマを活用する場合、在宅医療のための医師や看護婦の派遣にクルマを活用する場合などでは、さらに仕様差、特に車内装備の根本的な違いが求められるでしょう。したがって、今後のクルマには「こんな時にはこんなクルマ」といった用途別のラインナップの分類が求められるようになります。

2章　クルマメーカーにとってのビジネスチャンス

　また、価格面では、法人向けの場合、顧客のコスト意識が高くなるため、個人所有の車両に対し、仕様の削減などによるコスト重視価格設定となることが予想され、利益率の低下を招きます。このようなラインナップの変化は、クルマの作り方にも影響を及ぼすと思われるため、クルマメーカーは今後、そのようなニーズの変化をタイムリーにしっかりと把握していく努力を必要とします。

■アフターサービス、保険の変化

　アフターサービスの分野は、このような「所有」に関する価値観の変化の影響を受け、大きく変化が起きると想定されます。エンドユーザーが必要なタイミングのみクルマをサービスとして利用する、B to B to Cのビジネスモデルでは、ユーザーに提供するサービスの品質やサービス事業効率の観点が重要になるため、トラブルなどは起きたときに対処するのではなく、いかに起こさないか、未然防止の観点が重要となります。クルマを利用して実際にサービス提供しているときに、クルマが動かなくなってサービス提供が中止されるといった損失を防がねばならないからです。

　また、事業者が複数車両を保持している場合は、それらすべての車両について効率よく管理を行うために、遠隔モニタリングや診断といった手段が進化する可能性が高まります。クルマメーカーはクルマの付加価値として、このような管理システムを合わせて提供することが求められるようになる可能性があります。

　そして、エンドユーザーに対しては、クルマのアフターサービスは万が一のトラブルへの対処として、クルマの利用サービス契約時に事故や故障時の対処や保険などとセットでモビリティーサービス事業者またはクルマメーカーから提供され、利用期間や走行距離などの実態に合わせて契約・支払いを行うようなビジネスモデルになっていくと

73

思われます。

　このような、サービス提供におけるビジネスモデル上の変化が起こる背景としては、クルマのつくりとサプライチェーンの変化も理由に挙げられます。現在すでに、従来のアフターサービス業界が担ってきたトラブル対応や定期/非定期のメンテナンスにおいて、メカ的な要素は減少をし続け、かわりに増えているのが、ソフトウェアの書き換えやECUの交換などの対応です。

　従来のようなメカ的な部品の場合、問題のある個所の特定は、特にメーカーとつながりの深くない町のサービス工場などでも行えますが、ECUなど電子的な機器の場合、問題のある個所を特定するためには、データによる診断を行う必要があり、それはクルマメーカーの介入なしにはできません。そのため、電子化の進んだクルマのアフターサービスは、セキュリティーの問題も含めてメーカーか、それに近しい存在の業者が担わざるを得なくなり、そうでない事業者は生き残りが困難になっているのです。

■ クルマを購入し続けてくれる個人ユーザー

　一方で、クルマのヘビーユーザーや交通事情などの地域性により、クルマを所有し続ける人々も一定ボリューム残ると思われます。そういった人々にとっては、より所有するメリットや価値を明確にする方向性での訴求が必要となります。

　将来の生活スタイルやユーザーの価値観の変化を考慮すると、具体的には、「シェアリングなどのサービスで利用するより経済合理性が高いという納得性」「自らの価値観や生活スタイルにピッタリなクルマを得られるカスタマイズ性」などが求められるようになります。

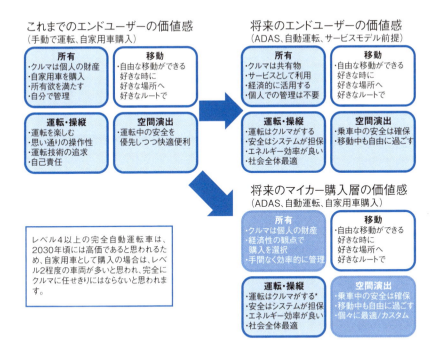

　また、一部のプレミアムセグメントでは、これまで同様にクルマをステータスシンボルやコレクション対象として所有するような価値観も継続すると言われています。運転に関しては、環境や安全に対する全体最適の傾向の強まりに応じて、レベルの差はありつつもADASや自動運転が一般化、完全なる自己責任で運転を楽しむことは、趣味やスポーツの領域になると指摘されています。

2-1-2　クルマメーカーがおさえるべきクルマ事業のポイント

　このようなビジネス環境において、クルマメーカーはどう振舞うべきでしょうか。まずクルマメーカーが従来通りクルマ事業を継続的に発展させ続けるための観点をビジネスの効率面から考えてみます。

2-1-2-1　ビジネス面

■事業効率性（スマイルカーブ）の変化

まず、クルマのつくりやサプライチェーンが変化していく環境下において、クルマ事業におけるおさえ所はどこかというところを考えてみようと思います。そこで、事業のサプライチェーンにおける効率の良さを判断する場合に、よく使われるスマイルカーブ＊を例にとり、まず製造業一般の動向として、どのような事柄が近年指摘されているかを見ていきましょう。

垂直統合のモノづくりがうまくいっていた2005年頃までの日本の製造業では、付加価値の分布は、今でいうスマイルカーブとは逆のカーブを描いていたと言われています。

しかし、最近はモノづくりのグローバル化や水平分業などの影響を受けて、組立・製造における付加価値がとりにくくなっていると言われています。一方で、顧客のニーズの細分化やデマンドの高度化などにより、それらを的確におさえた商品を企画開発することができる

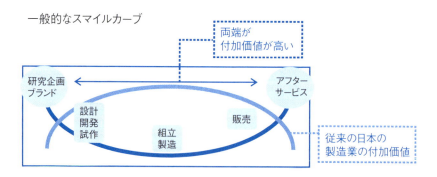

一般的なスマイルカーブ

＊スマイルカーブとは、電子産業にみられる収益構造を表すモデルの名称です。バリューチェーンの上流工程（商品企画や部品製造）と下流工程（流通・サービス・保守）の付加価値が高く、中間工程（組立・製造工程）の付加価値は低いという考え方です。これらの付加価値を線で結んで図形にすると、両端が上がっていて中央部が下がったものとなるため、「スマイルカーブ」と呼ばれます。

「研究・企画・ブランド」の分野や、顧客接点をしっかりと持ち販路を確保することのできる「販売・アフターサービス」の分野での付加価値が向上しています。このような過程を経て、現在では日本の製造業においても、逆スマイルカーブから、スマイルカーブへと業界構造に変化が起きていると言われています。

■ クルマメーカーはクルマのサプライチェーンにおいて両端をとれている

つまり、事業を効率よく、支配的に回していくためには、今後のサプライチェーンにおいてスマイルカーブの両端をおさえていることが重要です。それでは次に、クルマのサプライチェーンとクルマメーカーのポジションを見てみましょう。

幸いなことに多くのクルマメーカーは、現在のところ、この両端をとれています。これは、ビジネス上、非常に有利な立場にいると言えますが、重要なことは、この立場を今後も継続し強固なものにすべく、努力することです。

■ ビジネス面のポイント：クルマに関するエンドユーザーのデマンドを握る

ビジネスにおいて、スマイルカーブの両端が重要であるとは、具体的にはどのようなことなのでしょうか。スマイルカーブの両端をおさえていることの意味を考えてみると、つまり「左端→顧客デマンドを的確におさえた企画ができる」「右端→顧客接点をしっかりと持ち販路を確保できる」ということだと考えられます。

顧客デマンドとは、価格や意匠、機能、性能などへのユーザーの要求を指します。これは、従来のマーケティングデータのことですが、今後の技術動向に照らし合わせると、多くはセンシングデータと言い

換えられます*。

クルマについて考えると、それは、第一義的にはクルマに積まれているセンサーからのデータです。そこからはユーザーがどのようにクルマを運転・管理しているかなど、クルマの利用に関し基本的な事柄が読み取れます。

しかし、広義のデータとしてはユーザーの旅行計画や移動欲求につながる興味事項、シェアリングサービスなどの場合はクルマの手配履歴などのデータも含みます。つまり今後は、これらデータをおさえることが非常に重要になります。

2-1-2-2 技術面

■ メーカーにはデマンドを製品化する能力が必要

ユーザーのデマンドをおさえたら、クルマメーカーとしてもう一つ重要なことは、デマンドの情報を元にどのような商品を企画開発し、提供できるか、です。その際、最も基本的で重要な実現されるべきデマンドは、クルマの"機能"、"性能"、"取扱いのし易さ"、"品質"についてのものです。ユーザーは、それらを"価格"とのバランスで判断し、商品を購入します。

つまり、クルマメーカーはこれらをコントロールする手段を常に理解し、持っている必要があります。それができなければ、いくらデマンドをおさえていたとしても適切な商品を提供することはできません。

では、クルマにとっての、"機能"、"性能"、"取扱いのし易さ"、"品質"とは、どのようなものでしょうか。最も基本的な"機能"は、「走

---

*モノづくりにおいて、データ収集・分析・処理が重要になることは、データ主導型社会全体のトレンドであり、クルマに特化したことではありません

る」「曲がる」「止まる」＝運転・操縦でしょう。そして、“性能”は、それらをどんなレベルで実現できるか、ということです。“取扱いのし易さ”は、運転・操縦の容易さや、機能の維持管理のし易さ、“品質”は、それらがどの程度確かであるか、具体的には、安全性や耐久性などの基準がどこに示され、どれだけ満たされ、担保されているか、です。

　ですから、クルマメーカーとしては、集めたデータを元に、これら“機能”、“性能”、“取扱いのし易さ”、“品質”に関するデマンドを分析し、“価格”も含めて、適切な製品を自ら作り出さなければなりません。さらに今後は、このことをいかにスピーディーにできるかが、競争力と差別化要素となります。このことは、ごく当たり前のことであると思われるかもしれません。しかし、将来に向けたクルマの変革の中で、必ずしもそうとは言い切れない可能性を秘めた事態が進行しつつあります。それは、自動運転です。

■自動運転は「走る」「曲がる」「止まる」の時代進化版

　自動運転とは、そもそも「走る」「曲がる」「止まる」を実現するための技術の時代進化版です。自動運転は、ともするとクルマにアドオンされる、＋アルファの高度な機能というイメージがあるかもしれません。確かに、ADASの段階では、機能そのものも確かに付加的なものでしたし、自動運転の中でもレベル３以前は、そのような解釈でも間違いありません。

　しかし、レベル４以上の完全自動運転車では、話がまったく異なります。完全自動運転車では、自動運転を行っている間、「走る」「曲がる」「止まる」の制御は、すべて自動運転システムが担うからです。それは従来の制御システムに、＋アルファで乗っている付加的なものではなく、従来メカで実現されていた「走る」「曲がる」「止まる」の

制御が、完全にシステムに置き換えられている状態ですから、他に自動運転システムをバックアップできるような制御機能はありません。

つまり、完全自動運転は、ADASのようなアドオン機能とは違い、制御技術の完全置換えです。メカで実現されていたことが、電子化され、さらに自動化する、という技術進化以外の何ものでもありません。

■ 技術面のポイント：自動運転技術を手の内化する

自動運転においては、IT業界など、従来のクルマの部品サプライヤーやクルマメーカー以外のプレーヤーが制御用ソフトやその実現に必須となるプロセッサー・センサーなどのハード、あるいはダイナミックマップなどのコンテンツを提供し始めています。つまり、「走る」「曲がる」「止まる」といった基本機能を実現する手段を、従来のクルマ業界以外のプレーヤーが持ち、クルマメーカーへの提供を行おうとしているということです。

自動運転の開発競争の流れの中で、クルマメーカーの中には外部の技術を取り入れて自社のクルマに対し、自動運転機能を持たせようとするような動きもあります。しかし、自動運転機能はあまりにもクルマと密接であるために、クルマメーカーはクルマメーカーとして備えるべき"機能"、"性能"、"取扱いのし易さ"、"品質"、"価格"のコントロール能力のほぼすべてを失い、ただの組み立て屋になってしまいます。

もちろん、クルマの組み立てを精度よく高品質に行うこと自体にも様々な知見が必要で、従来のノウハウを生かし、組み立てに専念していくという選択肢もあり得ます。しかし、その状態では、せっかくユーザーデマンドをおさえても、その実現手段を失っており、企画開発はできません。つまり、スマイルカーブの左端をおさえているとは

自動運転を手の内化しないクルマメーカーのポジション*

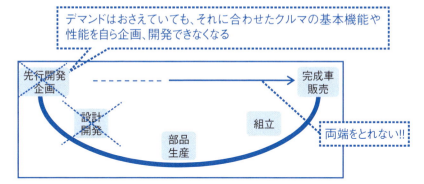

言えず、事業効率を大きく低下させるばかりでなく、業界における競争力や影響力も損なうことを覚悟しなければなりません。

　クルマメーカーが、このような事態を防ぎ、十分な利益確保を望めるポジションにい続けるためには、現時点では自動運転車の開発にあたって、まずは安易に他プレーヤーに任せず、自動運転の技術をしっかり理解・習得し、手の内化するための可能性を検討すべきと思われ、この検討を行い、どちらを選択するかを判断することは、クルマメーカーにとって必須の経営課題です。

---

*クルマメーカーが、自動運転システムを提供する事業者の動きにのって、そのようなシステムを採用したとします。すると、その場では自社のクルマが自動運転の機能を実現し、ユーザーのデマンドを満たし、競合に対して優位に立てるかもしれません。しかし、その後には、何が待っているでしょうか。そのシステム提供者は、システムのバージョンアップ、または自動運転をより高次元のものにするために、必要なセンサーやプロセッサーなどといった周辺部品の搭載要求をしてくるかもしれません。そして一度、技術を外に出してしまうと、その要求がのめない限り、自社の自動運転車を維持するためには、そのシステムサプライヤーの要求をのみ続けるしか方法がなくなり、クルマメーカーは彼らの言う通りにモノづくりをするだけの存在に成り下がってしまいます。さらに、そのようなシステムが標準化、共通化された場合には、クルマそのものの差別化は困難となり、ハードとしてのクルマには、ほとんど価値の源泉が残らない構図になってしまいます。

2-1-2-3 ポイントのまとめ

■ クルマメーカーがおさえるべき
クルマ事業のポイント（まとめ）

　スマイルカーブを使ってクルマの事業効率性を検討した場合に、クルマ事業を今後も継続的に運営していく上で重要なポイントとなる点は、まとめると以下のことになります。

ビジネス面のポイント：クルマに関するエンドユーザーのデマンドを握る
→今後、重要となるのは、データをおさえること
　・クルマのセンサーデータ
　・ユーザーの旅行計画や、移動欲求につながる興味事項などクルマ
　　の利用に関わる周辺データ

技術面のポイント：自動運転技術を手の内化する
→メーカーとして、「デマンドを製品化する能力」は、手放してはいけない
「デマンドを製品化する能力」
　＝ "機能"、"性能"、"取扱いのし易さ"、"品質"、"価格"のコントロール能力
※自動運転においては、自動運転の制御技術がその核となる

　上記は、クルマメーカーのクルマ事業において、今後、重視すべき点です。つまり、将来におけるコネクティッド分野の構想を語る上で、重要な前置きとなります。

2-1-3 クルマ事業にとって考えうる脅威とチャンス

2-1-3-1 クルマ事業にとって考えうる脅威

ここまで、クルマビジネスにとっての環境変化と、クルマ事業継続上のポイントについてみてきましたが、続いては脅威について考えてみたいと思います。

■ 脅威① IT事業者にデマンド/仕様を握られる可能性

まずはじめに検討しておきたいことは、つい先ほど重要事項として挙げたビジネス面のポイント「クルマに関するエンドユーザーのデマンドを握る」ということが十分にできなくなる可能性についてです。この点については、すでに過去から顕在化している事例では、IT系の事業者によるカーマルチメディア・テレマティクス領域を足掛かりにした進出があります。

これは、クルマに関するエンドユーザーのデマンドの一つである"クルマの中でも外とつながりたい"ということを武器に、IT系の事業者などがクルマの制御系統への入り口であるコネクティビティーをつかみ、そこを起点とし、ユーザーの情報、移動に関する情報、そしてクルマ情報の取得、さらには自動運転に向けた制御機能などまでも獲得しようとした動きです。この動きは、現在もまだクルマ業界との攻防の中にありますが、現状においてはある程度クルマメーカーの防衛がかなっている状況と言えます。

しかし、このような動きはその後も形を変えて引き続き起こっており、例えば、自動運転ソフトなど、クルマの制御技術そのものを握ろうという事業者が登場し始めています。自動運転車の開発を表明している事業者はもとより、自動運転用システムを開発する意向を表明している事業者も同様です。先述の通り、クルマの自動運転技術は、

メーカーとして、「デマンドを製品化する能力」であり、決して手放してはいけない領域であるために、今後もますます注意が必要です。

■脅威②規制緩和によるクルマ業界のゲームチェンジ

このような開発競争の中、長年クルマを作り続けてきたクルマメーカーにとって現在、大きな利点となっているのは、クルマは様々な規制に縛られた業界であるという事実です。人の命に関わる製品であることから、クルマの製造・販売・サービス事業は、安全性や品質の面で様々な法規制やガイドラインなどに縛られています。

ただでさえ部品点数が多く、組み立てにノウハウが必要な製品であることに加え、「車載品質」に代表されるようなクルマならではの決まりごとが多くある世界では、クルマメーカーはもとよりその傘下のサプライヤーも、その庇護のもとでニッチな領域のサプライヤーとして特殊な努力を必要とする代わりに、高い参入障壁に守られて商売をしています。

もちろん、技術進化の面で、それらの規制がクルマメーカーにとっても制約になることもありますが、それ以上に外部からの参入を阻んでいる効果も大きく、特に現在のようなクルマ業界になじみのない情報技術の取り込みをすべきタイミングにあたっては、クルマメーカーがそれらの技術やノウハウを習得する時間的猶予を稼ぐために非常に役立っていると言えます。

しかし、先述のようにクルマが将来の環境やエネルギー問題、人口問題などの解決のためにイノベーションを起こすことを期待されている現在において、政府や世論の動きによっては、このような規制緩和の動きが起こる可能性はないとは言えません。また、イノベーション促進のためだけでなく、クルマ業界におけるパワーバランスやルールの変更によるゲームチェンジのために、各種規制の緩和が進んでいく

可能性は十分あり、それは現在のクルマメーカーとサプライヤーにとって非常に大きな脅威となります。

特に電動化の流れの中では、モーターを使ったクルマの組み立ては従来より部品点数が減り、機構も簡略化されることから、組み立て自体の困難さは大きく下がると言われており、クルマを作るノウハウ自体が差別化要素であったこれまでとは状況が大きく異なり、新規事業者の存在が急拡大する可能性も十分あり得ます。

■ 脅威③エンドユーザーにおける移動デマンドの低下

また、クルマに対するユーザーデマンドのうち、今後も変化しにくいとした「移動」についてのデマンドが縮小するのではないかという懸念があり、クルマメーカーとしては注意が必要です。それは、VRや通信事情の向上により、人々の移動に対するデマンドが低下するという見立てです。

この点に関しては、意見が分かれる部分であり、社会全体として著しく移動が減少するという極端な予測もありませんが、日常の買い物や通勤、人とのコミュニケーションの一部については、人間は移動をせずに通信やインターネットサービスを利用する方向性はすでに現れています。そして、これら、日常の移動が少しずつ減っていくことにより、自家用車両の購入に関わるモチベーションが低下するという可能性は否めません。

また、シェアリングエコノミーなどの進展や、高齢ドライバーの免許返上など自主的な自家用車の手放しや、地方の公共交通手段の減少などにより、日常的な移動手段がなくなることは今後増加すると見込まれます。

このような事態は、移動手段が「ない」ことを前提にした生活への切り替えを促進するため、移動を伴って何かをしようというデマンド

の低下や、本来は移動したいはずなのにそのデマンドを抑え込み代替手段を検討するといった方向性に進む効果も考えられ、クルマ会社にとっては負のスパイラルが発生する可能性もあります。

一方で、①子供時代にドライブなどの旅行に出かける体験を多くしている人ほど、大人になってからも積極的に外出し旅行を楽しむ傾向がある、②子供時代に旅行や習い事など、豊富な体験をした人ほど、将来の能力が高い、③学歴が高い人ほど旅行に出かける頻度が高いなど、各種観光関連の業界からの調査報告があります。

つまり、移動デマンドの低下スパイラルに歯止めをかけることは、子供世代から、様々な体験が得られるような外出や旅行を促すための働きかけと、移動したいときに誰もが手軽に利用できる便利なモビリティーを提供し続けることが重要であり、長期的な取組みが必要となります。

2-1-3-2 新たなビジネスチャンス

将来に向けては先述のような脅威が存在しますが、一方で環境変化が起きることによるビジネスチャンスも指摘されています。

■ モビリティー関連サービス

先にユーザーの価値観の変化として、クルマそのものの価値・価格が低下するということをあげましたが、一方で自動運転やコネクティビティーの拡大により、将来、市場が広がると想定されているのが、クルマを活用した移動に関わるサービス（以下、モビリティー関連サービスと記載）の領域です。例としては、すでに以下のようなものがあります。

・テレマティクスサービス
  - 渋滞予測やマルチモーダルルート案内などのナビ関連サービス
  - 駐車場や充電スポットやレストランなどのPOI情報提供
  - eCallなど
・カーシェアリングサービス

　さらに、自動運転を見越したものとしては、以下のようなものがあります。

・ロボットタクシーの配車サービス
・無人のモノ輸送サービス
・車内向け広告、レコメンドサービス

　これらのモビリティー関連サービス領域は、クルマそのものの価値・価格（利益率）が低下し、モノ売りでは利益が出なくなる*と言われている中、今後残された利益確保の手段として、すでにクルマメーカーやクルマの部品サプライヤーをはじめ、他業種からもこの領域への参入計画が発表され、投資検討が進んでいます。

2-1-3-3 クルマメーカーの今後の戦い方

　これまで、クルマ事業の観点から、今後起こりうるビジネス環境変化を眺め、事業効率の考え方から見たクルマビジネスのポイントを確認しました。そして、それらのポイントが脅かされる可能性のある脅威の観点、さらに今後のビジネス拡大に向けたチャンスについても見

---

* モノ売りで利益が出にくくなる点については、「2・2・1・3 相乗効果②マネーフロー」も参照してください。

てきました。このような状況を踏まえて、今後クルマメーカーはどのように戦っていくべきなのでしょうか。最後にその点を考えてみたいと思います。

■外部・内部環境と脅威、チャンスのまとめ

ここで一度、これまでに確認できた内容を、代表的な戦略検討のフレームワークにのせて簡単に振り返ってみましょう。

このように見てみると、クルマそのものの市場の見通しは決して良くなく、台数規模は頭打ちを迎える一方で、技術革新などへの投資がかさみ、利益率は低下することが予測されます。さらに、そのような状況にもかかわらず、新たなプレーヤーの参入が相次ぐと思われ、これだけでも単純に競争が激化することが見込まれます。

このような中、残された利益確保のための機会とされている領域は、クルマの利用に関わるサービス分野です。そして、この機会をとらえて成長しようとした場合に最も重要な点は、クルマ内部のモノづ

S：強み		・垂直統合型のエコシステム、生産に関する豊富な知見がすでにあり、そこで品質や耐久性など基本品質の作り込みが高レベルにできる
W：弱み		・IT技術に関する知見が乏しく外部に頼らざるを得ない ・垂直統合型のエコシステムで対応できない領域に対する取り込みスピードが遅い
O：機会		・クルマの利用に関わるサービス分野の事業規模が今後拡大の見込み ・自動運転、コネクティッドカーなど新たな価値を持つクルマの提供
T：脅威	マクロ環境 （政治・経済）	・マクロ課題への対応から、移動やクルマの利用に制約がかかる可能性 ・事実上のパワトレに対する技術的な制約（EV化、内燃機関利用車の販売規制など） ・規制緩和により、クルマ産業への参入障壁が低下する可能性
	社会、ユーザー	・移動デマンドの低下により、クルマそのものの利用機会が減る可能性
	市場、競合、 外部プレーヤー	・シェアリングの増加などによる販売台数の頭打ち ・利益率の低下 ・水平分業を得意とするIT業界のプレーヤーがクルマ事業に参入、領域拡大を画策 ⇒デマンド・仕様ともに握られる可能性 ・他のクルマメーカーもサービス領域に進出 ・新興EVメーカーの参入多数

くり、外部のサービス領域両面において、IT技術の取り込み過程で起きる水平分業が得意なプレーヤーとの競争であると思われます。

■IT業界のプレーヤーの戦術

　IT系の事業者はその業界のエコシステムが水平分業型になっているために、特定の部品や技術に関して完成品メーカーやブランドを問わず、シェアを拡大することで力をつけています。そのため、クルマを取り巻くビジネス環境および脅威についての記述で触れた通り、情報家電などで培った技術やコスト競争力などを強みに、クルマ業界に対しても同様のアプローチをとろうとしてきています。

　クルマメーカーのサプライチェーンにおいては、全体のうちのわずか1部品のサプライヤーに見えますが、IT業界のプレーヤーの強みは、彼らの持っている技術や商材は半導体や関連部品など、すべての業界のイノベーションの根源になっており、今後のクルマの技術開発にも不可欠であるという点です。

　特に、IT業界のプレーヤーの中でも、大量にデータを収集することで競争力を拡大し続けているデータ志向性の高い企業は、クルマの

クルマづくりのサプライチェーン

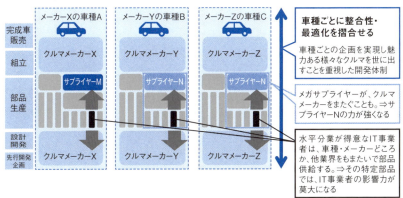

中の1部品をまずはおさえるものの、いずれはそれを足掛かりにスマイルカーブのより良いポイントを取ろうとし始める可能性があります。つまり、デマンドデータを収集するための仕組みをクルマに組込み、データを自ら得られる状態を作り出すことが彼らの戦い方なのです。

　具体的には、例えば、高機能プロセッサーを足掛かりに、周辺のソフトウェアやセンサーを含めクルマの頭脳を丸ごと取り込もうとしたり、マルチメディア・テレマティクス関連などモビリティー関連サービスのためのサービスプラットフォームから、クルマのデマンドに関わるデータとその収集の仕組みを全取りしようとするなどの可能性です。

■IT業界のプレーヤーと築くべき関係性の見極め方

　しかし一方で、クルマメーカーは今後のクルマの進化とビジネスチャンスをものにするためには、IT業界の知見を取り込まない選択はできません。ですから今後、IT業界のプレーヤーたちとどの部分で競争し、どこでは協調できるのか、「クルマに関するエンドユーザーのデマンドを握る」「自動運転技術を手の内化する」といったクルマ事業にとって重要なポイントを守りつつ進める方法をしっかりと考えることが必要です。

　ただし、IT業界のプレーヤーと一口に言っても、そこには多くの企業が存在し、それらの企業は持っている技術や商材、それにクルマ業界に対する参入の方針や戦略も異なります。これまでに主に意識してきたデータ志向性の強いIT企業のように、その戦略がクルマメーカーにとっての脅威に感じられる企業もあれば、そうではなく、友好な関係を築き、パートナー関係を結んで行ける企業もあります。クルマメーカーにとっては、そのような企業をうまく探しだし、WIN -

WINの関係を模索できることが望ましいでしょう。

　それでは、そのような企業を見極めるには、どのような視点を持てばよいのでしょうか。そのためには、以下二つのポイントがあると思われます。

①ビジネス・技術領域：
　クルマメーカーが守るべき領域と競合していないか
②戦略面：
　クルマメーカーに対し、部品として商材を提供し、
　共存共栄を前提にした取引関係を志向しているかどうか

　特に後者の戦略は、企業買収や経営方針の変更などによって、変化しうる事柄です。そのため、リスク管理の面から、まずは常に①を徹底しつつ、②についてもその意思をクルマメーカー側が常に確認し続けるという姿勢で臨むことが必要です。

■①ビジネス・技術領域

　まず1点目は、そもそもクルマメーカーが守るべき領域と、ビジネスや技術の面で競合が起きていないか、という点があります。先述の通り、クルマメーカーが守るべき領域には、自動運転技術などが代表的に存在しますが、その他の物も含めて具体的に例を示すと、以下のようになります。このように、クルマの基本機能や競争力にどれだけ直結するものであるかによって、競争すべきか否かの選択が分かれます。

Ａ：クルマメーカーが完全に理解し、手の内化すべきもの（例）

領域	手の内化すべきもの	目的
自動運転における制御ロジック	・制御ソフト ・制御用高機能プロセッサー 　（使いこなしのためのライブラリーなども含む）	メーカーとして、クルマの"機能""性能""取扱い易さ""品質""価格"のコントロール能力を持ち続ける
クルマから得られるデータと収集の仕組み	・コネクティッドカーの全体アーキテクチャー ・コネクティッドカーを通じて得られるデータそのもの ・データ収集用P/F	クルマに関するエンドユーザーのデマンドを握る（データ志向な外部企業に奪われない）

Ｂ：既存品を活用しつつ、ニーズに合わせたアレンジが必要なもの（例）

領域	理由
ソフトの開発環境	・開発したいものに合わせたカスタマイズ性が重要であるため、買ってきたものをそのまま用いるのではなく、アレンジが必要
セキュリティー	・セキュリティーチップなど、全体における構成品はそれぞれ購入できるが、クルマのシステムの特性に配慮して、採用すべき技術や手段の組み合わせ方などを、自ら理解して決める必要がある

Ｃ：その時々にいいものを外から買ってきて採用する領域（例）

領域		理由
センサー類	・カメラ、LiDAR、ソナーなどセンサー単体	クルマの基本機能に直結する要素ではない。また、技術進化の過程にあり、専門メーカーに任せたほうがよいものができる。
汎用化・標準化の進んだ部品	・モバイルなどの通信契約 ・通信機（車載）	クルマそのものの競争力に直結しない。競争させて良い条件で安く買うべき
	・ディスプレー、スイッチ類	クルマそのものの競争力に直結しない。トレンドがあり、コストダウンも進んでいる領域
	・データセンター用途のサーバー、ストレージ	クルマそのものの競争力に直結しない。コスト重視であり、競争原理を生かして安く買うべき

■②戦略面

　次に2点目として、各企業のクルマ業界に対する戦略や取組み方針でも関与の仕方を選ぶ必要があります。例えば、先に示したデータ志向性の強い企業については、データとその取得手段を囲い込むことで、最終的には、クルマの制御や仕様にも影響力を及ぼし、業界全体

をコントロールできる立場になろうという戦略をとる企業があり得ます。

　しかし、クルマメーカーをパートナーとしてとらえ、そのサプライチェーンの一部において、部品として商材を提供し、完成車ビジネスには関与する意思のない企業も存在します。特に、汎用化・標準化の進んだ領域の部品については、数的規模をまとめることそのものがその企業にとっての競争力確保につながることも大いにあります。つまり、クルマメーカーが、そのような相手先企業のメリットや狙いどころを理解した上で、パートナー関係を結ぶか否かを判断する必要があるのです。

■適切なパートナー企業の開拓が成功のカギ

　このように、クルマに情報技術が深く入り込み、サプライチェーンが水平分業化する過程においても、その領域や担い手企業によって完成車ビジネスにあたえる将来の影響が大きく異なります。

　ですから、クルマにIT技術を取り込む場合の取組み方については、このようなクルマメーカー側のニーズの整理がまず必要で、その上で相手先との相互の狙いとメリットをよく理解し合い、すみわけができる企業を選択することが重要なのです。

　そのようなニーズの整理とパートナーの選択がうまくできれば、クルマメーカーにとってIT業界のパートナーが押しなべて皆、脅威であるかのように考える必要はなくなり、より積極的に競争力のあるクルマの開発を進めていくことができるでしょう。

　つまり、IT業界のパートナー選びに関しては、クルマメーカーが自らのニーズの深堀を行い、より広い視野で多くの企業を見て、適切な企業を世界中から探しだし、選択していくための情報収集のアンテナを張るなど、企業開拓を積極的に進めていくための検討体制をしっ

かりと持つことが重要です。

2-2 クルマメーカーがとるべき モビリティー関連サービス分野の戦略

2-2-1 利益を産むサービスの在り方

　先に、クルマを活用した移動に関わるサービス＝モビリティー関連サービスが、今後残された利益確保の手段とされていると紹介しましたが、それは具体的にどのようなことなのでしょうか。

2-2-1-1 相乗効果を狙う

■モビリティー関連サービスの例

　モビリティー関連サービスと言っても、様々なものが存在します。先に示した例をもう一度見てみましょう。

A：既存のサービス
- テレマティクスサービス
  - 渋滞予測やマルチモーダルルート案内などのナビ関連サービス
  - 駐車場や充電スポットやレストランなどのPOI情報提供
  - eCallなど
- カーシェアリングサービス

B：自動運転を見越した今後のサービス
- ロボットタクシーの配車サービス
- 無人のモノ輸送サービス
- 車内向け広告、レコメンドサービス

ここに示すように、モビリティー関連サービスの中には、Aのようなすでにクルマメーカーが取り組んでいるものもあります。そのため、それらの分野での経験により「サービスでは利益は出ない」というイメージを持たれている場合があると思われ、そのような場合、サービスが最後に残された利益の源泉であると言われても、ピンとこないと思われます。

そのため、この後はクルマメーカーにとって、今後利益を出すことを前提に仕組んでいくモビリティー関連サービスとは、どのようなサービスであるべきなのか、ということを示していきたいと思います。

■ モビリティー関連サービスの事業上の位置付け

はじめに、サービスの位置付けについて考えてみます。先に示したようなサービスの提供方法は、以下のパターンが考えられます。

①クルマ事業という一つの事業の中で考え、クルマの付加価値とする
②クルマ事業と、モビリティー関連サービスは、それぞれを別事業とする
  - ⅰクルマ事業との関連は狙わず、まったく新規の事業とする
  - ⅱクルマ事業との相乗効果を狙う

これらのうち、①はこれまでクルマメーカーがテレマティクスサービスなどを運営する場合にとってきた既存路線です。このモデルの場合、サービスはクルマの付加価値であり、独立した商品ではないので、クルマとセットで提供することでクルマの競争力がどれだけ増すか、クルマ事業の中で見た場合に投資対効果が見込めるかなどから、

サービスの企画や提供可否を検討すればよいとなります。

　次に、②-iについては、クルマ事業とは独立した単独事業であるので、クルマとは完全に独立した商品であり、採算性についても分離して考えるべきです。ですから、単一事業として通常のフレームワークにより事業成立性の検討を行い、その結果を見てやる・やらないを判断します。

　最後に、②-iiですが、この考え方をとる場合に重要なことは、もちろんモビリティー関連サービスについて単独事業としての事業成立性ということもありますが、それ以上にそのサービスのどんな部分でクルマ事業との相乗効果を狙うのか、相乗効果が挙げられる見込みがあるのか、といった部分をよく考え、取り組むべきサービスを選び抜くことが必要です。

　このように、一口にサービスと表現しても、その在り方によりサービスそのものの企画の考え方が大きく変わります。そしてご存知のように、IT関連の業界にはサービス事業のみで大きな利益を産んでいる企業はたくさんあります。つまり、サービスは、その企画の仕方などやり方次第で利益が出せる分野であり、これまでのクルマ業界で取り組まれてきたような、①のみが方法ではありません。

■ **相乗効果を狙う二つの観点**

　それでは、実際に利益を出せると思われるサービスの在り方はどのようなものであるか、二つの観点から紹介をしていきます。一つは、サービスとモノづくり＝水平と垂直の交点、もう一つは、マネーフローという観点です。

　結論から言うと、利益を上げられるサービスの在り方とは、これらの二つの観点で、モノづくりとサービスとの間に相乗効果を上げていくことを前提とするものです。

サービスとモノづくり＝水平と垂直の交点

　モビリティー関連サービスは、クルマの進化の経緯を見ても分かるように、クルマをまたいで提供される点で水平分業型の性格を持っています。それを、自社のクルマ事業の中で提供するということは、サービスレイヤーの広がりを自社内に制限している状態です。クルマの付加価値向上を目的とする場合はそれでよいですが、サービスで利益を上げたい場合には、そのような制限はなくすべきで、つまり別事業化が求められます。この点が第1のポイントです。

　さらに、このような独立した二つの事業を企画する際に、そこに相乗効果を生み出すためには、それらの間に、水平と垂直の交点を見出し、交点を握っているからこそ得られるメリットがあるような仕掛けを仕込むことが重要です。そのような方法について、他業界の例を元に紹介します。

マネーフロー

　マネーフローの観点で考えたとき、モノづくりと一般的なIT系のサービスには、基本的な考え方に違いがあります。クルマなどのモノづくりの場合、多くはフロービジネスです。モノ売りでは利益が出せなくなっていくと言われている理由は、このフロービジネスというマネーフローに原因の一つがあります。一方、利益を出せているIT系のサービスは、ストックビジネスと呼ばれる形態をとっています。今後のモビリティー関連サービスは、ストックビジネスとして検討することが、重要な第2のポイントになります。さらに、ストックビジネスとしてモビリティー関連サービスを立ち上げる際に、既存のクルマ事業とモビリティー関連サービスのマネーフローの特徴を踏まえて、クルマ事業をどのように役立てられる可能性があるかも見ていきます。

2-2-1-2　相乗効果①水平と垂直の交点

■ 事業を分ける

　先に示した通り、モビリティー関連サービスをクルマの付加価値としてとらえるのではなく、サービス単体で商品として販売し、利益を追求する場合には、対象とするターゲットの広がりなどを考慮すると、クルマ事業とは別事業化すべきです。また、後に示すようなマネーフローや、必要なシステムの規模感などから考えても、別事業化することが妥当です。

■ 水平と垂直の交点①両立を促進するポイントを探す

　モビリティー関連サービスの事業領域を検討する際には、クルマ事業とモビリティー関連サービス事業との両立ということを考えて、両事業に相乗効果がうまく生み出せる領域を選出できることが重要です。

　例えば、流通業界の製造小売りなどの例で考えてみると、大手流通業者は、まず本業のショッピングセンター事業やコンビニエンスストア事業などにより、消費者が訪れて商品を選び、購入する場としてのプラットフォーム（P/F）を構築します。次に、そこで得られる消費者の購買行動などをはじめとするデマンドデータを分析し、顧客にとって売れ行きの良い商品のジャンル、価格帯、機能・性能などの特徴を把握します。

　そして、それらのデータを元にして、今度はヒットする可能性の高い商品を企画・製造し、製造業としての機能を立ち上げ、ショッピングセンターやコンビニエンスストアなどでプライベートブランドとして販売します。

　この例では、P/Fとして展開する小売り機能（水平）と、メーカー

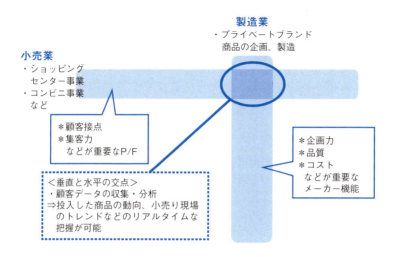

　機能（垂直）がうまく両立しているために、プライベートブランドの商品があることで、小売業でのP/Fの魅力がさらに高まっています。プライベートブランドの商品の評判により、顧客接点や集客力が高まるので、プライベートブランドの商品自体もよく売れ、同時に他のメーカーの商品もよく売れることになるので、商品もさらに集まりやすいという好循環を生み出しています。

　この例のように、複数の事業を展開し、それらを両立させようとする場合には、その相乗効果をどこでどのように生み出すのか、ということをよく考える必要があります。先の例で言うと、相乗効果を生み出すためのポイント、つまり、水平と垂直の交点は、顧客データの収集・分析を行うシステムです。元々、小売り業界には、仕入れや回転率の効率化の観点からPOS（Point Of Sales）システムなどが早期に導入されていましたが、その仕組みをうまく活用し、進歩させていると言えます。

■水平と垂直の交点②競合優位性

　このように、水平と垂直の交点を握っておくことは、両事業を好循環させるという側面で役立つだけでなく、もう一つ、外部のプレーヤーからの防御という観点でも役立ちます。

　例えば、先の例では、水平と垂直の交点となっているのは、顧客データの収集・分析を行うシステムでしたが、これを握ることができるのは、まず水平レイヤーである小売り機能を有しており、デマンドデータの重要な発生元の一つである購買の場（顧客接点）を握っているためです。

　しかし、この部分をもし他の企業にアウトソースするなどして、自社で握れていなければどうでしょうか。例えば、他の垂直プレーヤーである有力な商品サプライヤーなどが、自社のシステムとの連携を図り相互に効率化を図るためなどとしてPOSなどの関連システムを提供します、という申し出を行うなどした場合です。もし、この申し出を受け入れた場合どうなるでしょうか。

　そのような状況になると、いくら小売り機能とメーカー機能を有していても、プライベートブランドを優位に作り出すためのデータを十分に得ることができません。一方で、小売り機能も、単に店舗開発を行い、メーカーの差し出す商品を受け入れて販売するだけの立場になってしまい、このような状況では、相乗効果を得ることはとてもできません。

　つまり、先の例では、顧客データの収集・分析を行うシステムというものに、小売り機能とメーカー機能の双方に相乗効果を出す前提で、しっかりと投資し、決して他に渡してはならない重要なものとして、おさえ続けている、ということがとても重要なのです。そしてこのポイントをしっかりとおさえていれば、他の垂直メーカーには少なくとも自社の小売店において、同じポジションをとることは叶わず、

あとは小売店の競争力を維持し続けることで、他の小売りに対し、シェアを確保し続けていけば、プライベートブランドの競争力が落ちることもないのです。

モビリティー関連サービスは、クルマメーカーに限らず、外部の様々な企業が参入を試みる分野ですので、類似のサービスを提供しようとするプレーヤーも現れると思われます。その時、競争に勝つためには、この例のように水平と垂直の交点となる部分を確実に握り続ける事が重要です。水平と垂直の交点は、攻防どちらの観点からも、決して外部の企業に渡してはならない重要なポイントなのです。

■水平レイヤーの選び方

クルマの場合、流通業の例とは違い、先に垂直方向が既存事業として存在し、後から水平方向のビジネスを検討する順序になります。水平方向のビジネスを考える場合に注意すべきは、あるジャンルの中で、どんな階層のサービスを選択するか、です。

例えば、同じようなモビリティー関連サービスに、クルマの配車サービスとマルチモーダルの配車サービスがあります。クルマに必要なデータ収集を行うために、クルマの配車サービスを始めるとします。しかしその場合、同じジャンルのより広いサービスであるマルチモーダルの配車サービスで上から覆いをかけられてしまうと、エンドユーザーはマルチモーダルサービスを利用すれば済むようになり、顧客を奪われる可能性があります。

ただ、だからと言って、はじめにあまりにも広い範囲のモビリティーを含めたマルチモーダルサービスを選んでしまうと、サービスを十分なクオリティーで運営するためにやるべきことが増えすぎてしまい、サービス品質が不足する可能性があるとともに、クルマにとって必要なデータを効率よく取得することも困難になる可能性がありま

す。

　このように、水平方向のサービスには、サービスレイヤーの違いによる上下・包含関係があるために、適切なレイヤーを選ぶことは難しいですが、しっかりと検討しつくした上で、選択する必要があります。そして、垂直との交点を結ぶべき、水平レイヤーを選択したら、先の流通業界の例のように、二つの事業の独立と両立のためのキーとなる、データ収集とフィードバックのための仕掛けづくりをし、囲い込んでいくことが重要です。

　クルマメーカーが自らサービスを提供するということは、B to B to Cのうちの二つのBをともに1社の中でやる、ということであり、その意義はとても大きいです。うまくできれば、モノ売りで得にくくなる利益を追求するだけでなく、新しいクルマの使い方に対するデマンドを肌で感じ、直接データ収集も行う機会を得て、それによってクルマを鍛えることができるのです。また、サービスプロバイダーにとって理想的なクルマを自分たちが作れれば、それはサービス事業にとっても競争力を高めることとなり、それらは企業にとって、持続的な成長に向けた非常に強い両輪となることでしょう。

2-2-1-3　相乗効果②マネーフロー

　次に、相乗効果を狙う第2の観点であるマネーフローを考えてみます。

■フロービジネスとは

　フロービジネスとは、モノづくりの業界などで採用されているマネーフローで、既存のクルマビジネスは典型的なフロービジネスです。フロービジネスとは、基本的に1回1回の取引が完結しており、

売上・コスト・利益の関係イメージ（フロービジネス）

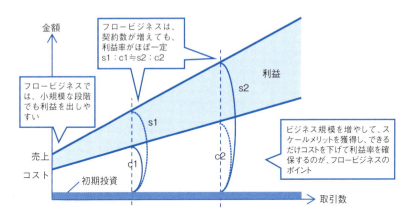

　一つの商品が売れれば一つ分の利益が得られるビジネスで、一般的に小売業や製造業などの商売が該当します。

　初期投資は必要な場合と、不要な場合がありますが、コストの観点では売り上げが伸びれば伸びるほど、コストもそれに比例するように増加していき、利益率がほぼ一定です。先の見通しは立てにくいと言われますが、小規模に始められるなどのメリットがあります。

　フロービジネスは、今後、利益がとりにくくなると言われており、その代わりに、利益獲得が可能と言われているのが、ストックビジネスです。

■ストックビジネスとは

　一方、フロービジネスに対してストックビジネスとは、はじめにある程度の規模を想定して事業に必要な投資を行い、それを顧客と契約することで継続的な課金を行い、資金回収しながら利益を得ていくスタイルです。例えば、情報サービス、通信、電力・ガス、保険、介護、幼稚園や習い事、ジムなどがあげられます。

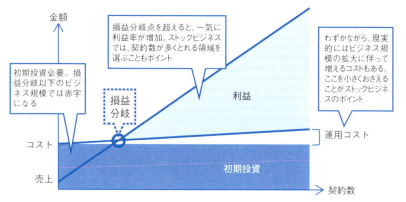

売上・コスト・利益の関係イメージ（ストックビジネス）

　初期投資が必要ですが、一度契約を結ぶと、継続的に収益が得られるため、先の見通しが立てやすく、また一定数以上の契約が得られれば、初期投資分を超える分の収益については、利益率を非常に大きくすることができます。

　そのため、ストックビジネスをうまく行うためには、できるだけ初期投資を行った後に、契約が増えるに従って増加するコストが発生しないような事業とすることが重要です。また、契約規模が大きく狙える領域をうまく選ぶことが必要です。

■クルマメーカーが狙うべきストックビジネス

　クルマメーカーの場合に当てはめて考えると、モビリティー関連サービス事業を始めるにあたって、より理想的なストックビジネスの在り様は、クルマを初期投資分の「アセット」として位置付ける考え方です。具体的には、クルマ事業で販売されるクルマに、モビリティー関連サービス用のP/Fを載せて販売し、モビリティー関連サービスのためのインフラとするのです。

　このような考え方をすると、ここでも、クルマ事業とモビリティー

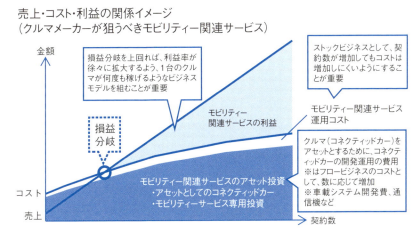

関連サービス事業を独立させておくことによるメリットが見えてきます。通常のストックビジネスでは、初期投資は単なるコストでしかありませんが、クルマメーカーの場合は会社全体でみると、ストックビジネスにとっては単なるインフラであるクルマでも販売時に利益が上がり、クルマを販売した後にはモビリティー関連サービスにより、さらに利益が上がるということです。

　しかしこの時、注意しなければならない点が2点あります。1点目は、モビリティー関連サービス事業のコストについてです。クルマをアセットと位置付けても、モビリティー関連サービスを行う場合、必ず専用のコストは発生します。しかし、全体としてストックビジネスを実現するためには、契約数が増加しても、コストはできるだけ増加しないようにしなければなりません。

　2点目は、契約課金についてです。クルマ1台で1契約または1度しか課金ができないビジネスでは売り上げの伸びが限られ、利益率が上がりません。1台のクルマでできるだけ何度もお金を稼げるようにすることが重要です。

2-2-2 戦略

■戦略と成功の条件

これまで見てきたように、今後クルマメーカーがモビリティー関連サービスに本格的に取組み、そこで利益を上げようとしていくためには、これまでのクルマ事業において提供してきたテレマティクスサービスとは、考え方を変えるべき点があります。ここでは、そのような事柄を戦略としてまとめます。

クルマメーカーが、今後も継続的に利益を上げ続けていくためには・・・

戦略

★**モビリティー関連サービスを独立事業として立ち上げる**

★その際、クルマ事業の資産を有効活用し、
これら二つの事業の間に、相乗効果を狙い、両立させる

・モビリティー関連サービス事業のマネーフローは、コネクティッドカーをアセットとしたストックビジネスとする

・事業領域の選択に際しては、水平と垂直の交点を握り、相互にメリットが出せる領域とする

この戦略をとり、うまく機能させるために重要な条件は、まずクルマ事業が成功していること、そしてモビリティー関連サービスとして何を選び、クルマとのシナジーをどこに求めるかをしっかりと考え抜くことです。このどちらが欠けても、十分な利益の創出はできません。

また前記、戦略の文章の中で唯一、自らの意志だけではうまく進められない点は、水平と垂直の交点を握るという部分です。そのため、実行時にはこのポイントの取り方をしっかり意識していくことが必要になります。

■ 主な戦術

先の戦略をとるために重要なことは、クルマ事業の成功と、戦略に合致するサービスを考え抜く企画力ということはすでに示しましたが、それぞれは具体的にどのようなことを意味するのかを考えてみましょう。それらは、戦略を実行する上で、重要な課題となりますので、以下「戦術」として示します。

戦術
①キラーサービスを企画し、エコシステムを早期に確実に作る
②サービスシェアを確実にとるため、クルマの数的規模を追求
③クルマの品質を死守し、サービスのパートナーとして競争力を持つ

上記①は、主に戦略に合致するサービスを考え抜く企画力に関する事柄で、②③はクルマ事業の成功に関する事項です。これらについて以下、順に説明をしていきます。

■ 戦術①
キラーサービスを企画し、エコシステムを早期に確実に作る

戦術①は、具体的には以下の3点になります。

＜キラーサービスの企画＞
・水平と垂直の交点を意識したサービスを企画

＜エコシステムの確立＞
　・モビリティー関連サービスのサプライチェーンを構築
　・顧客基盤の育成

　これらは、どれも新たなサービスを始めるために重要な事柄です。また、企画そのものだけでなく、それを成り立たせるためのエコシステムを自らうまく作り上げることも同様に重要です。

■ 戦術②
サービスシェアを確実にとるため、クルマの数的規模を追求
　戦術②は、「クルマ事業の成功」の意味する具体的なことの一つです。具体的には、以下二つの取組み方があります。

・自社におけるコネクティッドカーの増産
・仲間づくり：同じP/Fを使うクルマメーカーを増やす

　先のような戦略の文脈からは、サービスを確実に提供できる対象車両を増やすことは非常に重要です。シンプルに、自らがあるサービスを企画して、それを誰かのクルマを通じて提供しようとした場合に、最も組みたいと思うのはどんなメーカーか、ということを考えるとよいと思います。もちろん、規模のあるクルマメーカーと組みたいと考えるでしょう。
　同じ会社で、サービスとクルマを両方やるということは、自社のクルマ向けにサービス提供することは確実にできます。その時、自社で数をまとめることはもちろんですが、それに加えて賛同してくれるクルマメーカーが多ければ多いほどシェアを高め、ストックビジネスとしてのアセットが稼げます。

108

仲間づくりの際に重要なことは、水平と垂直の交点となるP/Fについて、こちらから準備したものを受け入れてもらうことです。そのようにしてシェアを増やせれば、他の水平プレーヤーとの勝負に勝てる見込みが高まります。

■戦術③クルマの品質を死守し、サービスのパートナーとして競争力を持つ

戦術③も、「クルマ事業の成功」に含まれます。戦術②同様に、サービサーとして自らのサービスを提供するために組みたいクルマメーカーを考えた場合に、クルマそのものの品質が悪くては、やはり組みたい相手とは言い難いでしょう。

つまり、クルマの品質をしっかり作り込めるということは、サービス提供の際に選ばれるパートナーとして競争力を持つことになります。水平プレーヤーに選ばれるクルマであるという強みは、その水平プレーヤーが自社の隣の事業部であっても理屈は変わりません。

品質を死守するということは、大きく分けて「モノとしての基本品質」「自動運転」の二つにつながります。今後は基本品質の時代進化版として、自動運転をきっちり手の内化して、作れていることが重要です。

2-2-3 すでにある資産（日系クルマメーカーの強み）

ここまで、戦略と戦術を示してきましたが、次には戦略と戦術の観点から、主に日系のクルマメーカーがすでに持っているクルマという資産の強みについて考えてみましょう。

2-2-3-1 強み①クルマの品質・耐久性

　他業種からの参入や、規制緩和の脅威が存在する中、クルマメーカーが戦っていくための武器として最も頼りにできる点は、クルマの品質をしっかりと作りこめる能力です。こちらは、戦術③につながります。その強みが発揮される場面として想定されるのは大きく2点です。

A：人の命を預かるものとしてのクルマ（安全性が重要）
B：モビリティー事業の道具としてのクルマ（稼働率が重要）

■A：人の命を預かるものとしてのクルマ

　人を乗せたり、公道を通行したりするクルマは、安全性が第一です。これは誰もが認めるところであり、社会としてもその安全性を甘く見て、交通事故の数を伸ばすような方向性は容認できるものではありません。

　今後は、電動化の影響により部品点数が少なく、組み立てやすいと言われる電気自動車などで、クルマメーカー自体にも新規参入が多く見込まれますが、そのような中においても、特に先進国では安全面に問題のあるクルマが大規模に長く市場で流通し続けることは難しいと思われます。この感覚は、モビリティー関連サービスを提供する上で活用されるクルマにおいても、何ら変わるものではありません。

■B：モビリティー関連サービスの
道具としてのクルマ（稼働率が重要）

　事業の道具として扱われるクルマは、日々のメンテナンスにかかる手間がいかに少ないか、また先行投資して得たクルマがどれだけ長

期・長距離の使用に問題なく活用できるか、といったことが重要な問題になります。この点において、クルマメーカーのクルマは非常に優位な実力と信頼を持っており、モビリティー関連のサービスでは、ぜひ活用したいクルマであると言えます。

2-2-3-2 強み②多品種生産、多様なオプションへの対応力

モノづくりの将来トレンドは、先の章でも記載した通り、マスカスタマイズです。戦術には直接現れていませんが、戦術③に関連する事柄として、商品の作り分けをできることもクルマメーカーとしての強みになります。

一般に、マスカスタマイズは、「個人の嗜好に対するラインナップの充実」のためのソリューションとして理解されることが多いですが、クルマの場合はそのような観点もあるものの、しかし今後の傾向としてより強まるのは、「用途に対するラインナップの充実」という観点です。

個人所有の車両が減り、シェアリングなど、広く社会で共有するクルマにとって重要な最適化は、個人の好みではなく、用途に対するものとなるためです。エンドユーザーは、必要な時に必要な目的のためだけにクルマを選んで使うため、その時の使い方にどれだけ合ったクルマであるかといったことが選ばれるクルマになるために、重要になるのです。このトレンドは、これまでできるだけ仕様差を削減して、同一のものを大量に生産することに特化してきたメーカーにとって大きな変化であり試練です。

今後は、多様なオプションを許すための設計システムや生産技術については情報化や3Dプリンターなどのイノベーションが起こるとされていますが、マスカスタマイズを実現するには、そういった技術面

の進化だけでは不十分です。どこまで統一してどこは違いを持たせるのか、そのバリエーションはいくつ必要なのか、といった企画力や、販売やメンテナンスをやり切ることができる体制など多くの組織的な課題があります。

しかし日系の特に大手クルマメーカーは、これまでもずっと、できるだけ少ない車両P/Fからより多くのニーズを満たせるような多彩なクルマを作り、市場にあわせて売り分けるということを行っており、そのための組織や文化を体得しています。

今後、多様なモビリティー関連サービスが提供されていく中で、クルマの利用シーンや利用方法が多様化すれば、そこには必ずこれまでにはなかったような新しいニーズが生まれ、デマンドはますます多様化するでしょう。その時、それらのデマンドに合わせて多様なクルマを作り分け売り分けることができるクルマメーカーとしての力は、大いに役立つと思われます。

モビリティー関連サービスを提供する上で、サービスに合ったクルマを持ち、それを使ってサービス提供することができるということは、他のサービス事業者には決してできない既存のクルマメーカーならではの大きな強みになります。

2-2-4 クルマメーカーの課題

次に、戦略と戦術を実行する上で、新しくモビリティー関連サービス事業に参入するクルマメーカーの弱みと課題について、考えてみたいと思います。主な課題は、以下の3点です。

課題①真のコネクティッドカーのシェア向上
課題②エコシステムの構築

2章　クルマメーカーにとってのビジネスチャンス

課題③サービスの企画

2-2-4-1 課題①真のコネクティッドカーのシェア向上

■クルマメーカーにおけるコネクティッドカーの増産

　モビリティー関連サービスのためのクルマとは、ただのクルマではなく、コネクティッドカーでなければなりませんが、コネクティッドカーと呼ばれるクルマはすでに市販されているものの、台数規模はまだまだわずかです。また、クルマが通信機能を持ちテレマティクスサービスを利用できることと、今後モビリティー関連サービス事業のアセットとして利用できるということは、システム的に異なります。今後はモビリティー関連サービスの提供が可能なコネクティッドカーを増やしていくことが必要です。

■真にコネクティッド化するとは

　モビリティー関連サービスの提供のために、コネクティッドカーに求められる重要な要件は、市場に出回るクルマ全体を一つのP/F上で扱うことができるということです。コネクティッドカーから情報を収集、分析したり、コネクティッドカーに対して命令を出す場合、クルマごとに手段を変えなければならないようでは、非常に不便です。

　ですから、まずは何よりもコネクティッドカーに搭載されるモビリティー関連サービスのための車載システムは、できる限り仕様の標準化が行われ、その結果どのクルマにも同じように搭載されるモビリティー関連サービスP/Fとして提供されることが必要です。先述の通り、すでにクルマにも水平分業の要素が入り込み、コネクティッド化を前提に作り替えられつつありますが、上記の観点からみると、まだまだ十分ではありません。

113

しかし、クルマメーカーが水平プレーヤーとしてモビリティー関連サービスを提供し、そこでビジネス的に勝つということは、そのために必要な水平レイヤーについては、クルマメーカーが自らクルマのつくりを変更し、モビリティー関連サービスの提供のために必要な基盤を開発できる力を持つ水平型のソリューションプロバイダーにならなければならないということです。

　このモビリティー関連サービスP/Fは、モビリティー関連サービスとクルマの水平と垂直の交点として戦略実行上非常に重要であり、決して他に明け渡したり、作りこみを妥協したりしてはならない点です。情報技術全体の進化シナリオにのっとってみても、ビッグデータやAIを活用したデータ主導型の社会に移行し、モノづくりにイノベーションを興すために、どの業界にとっても必須の課題です。このことをやり遂げられなければ、戦略全体が成立することは決してなく、シビアに取り組む必要があります。

　一方でクルマメーカーとしては、従来の垂直統合の強みによって成立している現在のクルマの競争力は必ず維持する必要もあり、その意味では垂直方向のサプライチェーンを守る必要性があるのも事実です。つまり、今後は、水平と垂直の切り分けをよく見極めて、必要な部分については水平分業のモビリティー関連サービスの世界でも力を発揮し続けられるように、サプライチェーンに変化を起こしていくことが必要なのです。

■ 仲間作り：同じP/Fを使うクルマメーカーを増やす

　さらに、シェアという観点で重要なことはもう一つあります。それは、自社のクルマのみならず、他社のクルマをも包含できるP/Fとすることです。現在すでにクルマメーカー間では、様々な領域での協調活動がありますが、そのような活動同様に、他のクルマメーカーやサ

プライヤーなどと一緒になって進められるような体制整備をすること
が必要です。このようなもののうち、協調体制を構築する主な観点は
いくつかあります。

・クルマメーカー間での協調
　車載システム、モビリティー関連サービスのためのP/Fの共用など
・クルマ業界外の協調①インフラ構築観点
⇒これら二つは、コストシェアが可能であれば、協調を検討できる領
域です。
・クルマ業界外の協調②データ活用観点
　他業界とのデータ共用、そのためのシステム連携など
⇒例えば、通信事業に関わるプレーヤーなど、様々な業界に接点のあ
るプレーヤーと組むことができれば、他の業界のニーズを取り込むこ
となども可能かもしれません。

　このような協調領域を検討する際には、同時に競争領域の定義も必
要で、どこで誰と協調し、どこでは誰と誰が競争すべきかをよく考え
て、戦略的に関係構築を進めることが重要です。

2-2-4-2 課題②エコシステムの構築

　先の戦術①の中で、次にやらなければならないことは、エコシステ
ムの構築です。当然のことながら、新規に事業検討するサービスで
は、それに関わるエコシステムも存在しませんので、新規に構築する
必要があります。エコシステムの構築には、戦術①に記載の通り、以
下二つのやるべきことがあります。

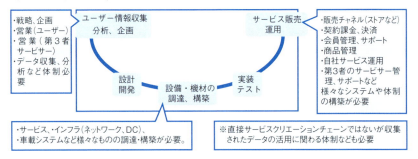

サービスクリエーションチェーンとスマイルカーブ

・モビリティー関連サービスのサプライチェーンを構築
・顧客基盤の育成

■ モビリティー関連サービスの
　サプライチェーンとスマイルカーブ

　製造業とは内容が異なりますが、サービスにもサービスの継続的な提供に必要なサプライチェーン＝サービスクリエーションチェーンが存在します。サービスクリエーションチェーンにおいても、スマイルカーブの両端をおさえることがやはり重要です。しかし、クルマメーカーがどのようにしてモビリティー関連サービスにおけるサービスクリエーションチェーンと、そこでのエコシステムを構築し、さらにスマイルカーブの両端をとれるかは非常に難しい課題です。

■ クルマメーカーの弱み①
　スマイルカーブの両端をとれるサービス基盤がない

　実感を持つために、少し具体的に考えてみましょう。例えば、カーシェアリングサービスを始めるとして、そのための左端＝顧客接点と、右端＝販売チャネルはどのように持つのがいいでしょうか。現時点でのユーザーの使い勝手を考慮すると、顧客接点はスマートフォン

がよいかもしれません。そして今後は、ウェアラブル端末かもしれません。そうなると、販売はやはりApp StoreかGoogle Playでしょうか。しかしそれでは、サービスクリエーションチェーンにおいて、クルマメーカーはAppleやGoogleに最も効率の良いスマイルカーブの両端を渡している状態です。

しかし一方で、顧客接点はクルマである、とするにも限界があります。先述の通り、モビリティー関連サービスにおいてクルマはサービスを行う道具なので、クルマを顧客接点として位置付けられるのはクルマを利用してもらっている最中のみ、ユーザーの人生の中で非常に限定的な範囲においてしか、その役割を担えません。

クルマメーカーがモビリティー関連サービス事業で利益を上げようとする場合、顧客接点については現時点で十分な解がなく、また販売チャネルについてもほぼ同様です。このように自らが競争力を持てるサービス提供基盤がないことは、新規参入のモビリティー関連サービスプロバイダーとしてのクルマメーカーの弱みです。

■ クルマメーカーの弱み②顧客基盤の育成も必要

もう一つ重要なことは、顧客基盤を育成することです。もし、自らスマイルカーブの両端をとれるサービス基盤の準備ができたとしても、利用しに来てくれるユーザーがいなければ何の意味もありません。顧客接点の場合と同様に、クルマメーカーが現在持っている顧客基盤とはクルマのユーザーです。しかし、新規に立ち上げるモビリティー関連サービスにとって、それではあまりにユーザーが限られ、ターゲットとして適切かどうかも不明です。

モビリティー関連サービスを別事業として推し進めていくためには、顧客基盤はきちんとサービスにマッチしたユーザーを新規に獲得していく努力をしなければなりません。この点は、クルマメーカーの

117

もう一つの弱みです。

2-2-4-3 課題③サービスの企画

　このようにP/Fの売りになる要素を検討するにあたっても、やはりクルマメーカーがまずやらねばならないことが、どのようなモビリティー関連サービスを提供するのか、サービスの企画です。これは、先に示した戦術①に該当します。サービスの企画は、水平と垂直の交点を意識したサービスであることが非常に重要ですが、その点を踏まえれば、世の中の進化やニーズの変化を踏まえて様々なものが検討可能です。本書では、現時点で考えられるサービスの具体的な例として、いくつかのものを「2-3」にて示します。

　しかし、企画はモビリティー関連サービス事業の立ち上げのために初期に行うだけでなく、その後も随時新たなものを企画検討し、順に立ち上げたり、既存のものを変更・終了したりして新陳代謝を図ることが重要です。また、そのような新陳代謝を今後の技術と社会の変化に応じて、適切なタイミングで世の中のデマンドに合致させながら、ダイナミックに進めていくためには、これまでに課題①②として紹介してきた事柄の具体化についても、サービスの変化を柔軟に受け入れられる形で実現することが望まれます。このようなダイナミックなサービス企画に対応するための事柄のための、あるべき体制・システムについては3章に記載します。

2-3　今後クルマメーカーが検討すべきビジネス例

　2章の最後に、今後クルマメーカーが検討してはどうかと思われる

サービスを、いくつか例示してみたいと思います。具体的なサービスの検討にあたっては、先に述べた戦略を念頭に置くのはもちろん、それだけでなく導入〜2章を通じて見てきた内容を総合的に踏まえます。マクロ課題への対応、技術進化、社会とライフスタイルの変化、クルマメーカーを取り巻く環境変化、強み、課題などです。

■ クルマメーカーが持つべき観点

将来、クルマメーカーがクルマをより良くしながら事業継続し、さらにモビリティー関連サービスを通じて社会のニーズに合った使われ方を提案していく上で、重要と思われる観点を四つ示します。

クルマメーカーが持つべき観点

観点	意味
A：モビリティーの備えるべき仕様を握る	激変と細分化が予想されるデマンドを把握し続けるための手段を持つことが必要（クルマ事業におけるビジネス上のポイント）
B：ポジティブな移動デマンドを育てる	移動デマンドの低下を防止するため、クルマメーカーとしての打ち手が必要（脅威への対応）
C：無駄な移動時間をゆとりに変える	社会全体の傾向として予測可能なニーズに応えるための具体策の準備（マクロ課題への対応）
D：より多くの人の自由な移動をサポート	

A〜Dは、これまでに示してきた将来変化に関し、ここまでにとるべき対応の解を示していない事柄です。自動運転の手の内化などは、技術的な課題ですので淡々と研究開発を進めていけばよいですが、ビジネス面の課題やニーズの変化への対応は、そのことを想定した企画が要ります。

そのため、ここでは、上記の観点のための対応をサービスとして検討します。また、例示にあたっては先述の戦略にのっとってモビリティー関連サービス事業として検討するサービスと、コネクティッドサービス事業として検討するサービスに分け、理由とともに示します。

■「移動」に関わる世の中の価値観の方向性

ところで、先ほど示した四つの観点のCとDについて、その意味を「社会全体の傾向として予測可能なニーズに応えるための具体策の準備」として記載しました。また、AとBに関しても、基本的には「移動」の仕方についての価値観の変化を想定しています。そのため、具体的なサービスの紹介に入る前に、将来想定される「移動」に関わる周辺の価値観変化をよりしっかりと理解しておきたいと思います。

「2-1」で部分的に紹介をしましたが、将来、所有かシェアか、自動運転を利用するか、などの選択肢の登場により、クルマの価値のうち、「所有」「運転・操縦」「空間演出」についての提供価値が大きく

将来のセグメント別エンドユーザーの価値観（代表例のみ）

シェアリングエコノミー層
（ADAS、自動運転、サービスモデル）

所有
・クルマは共有物
・サービスとして利用
・経済的に活用する
・個人での管理は不要

移動
・自由な移動ができる
　好きな時に
　好きな場所へ
　好きなルートで

運転・操縦
・運転はクルマがする
・安全はシステムが担保
・エネルギー効率が良い
・社会全体最適

空間演出
・乗車中の安全は確保
・移動中も自由に過ごす

マイカーエコノミー層
（ADAS、自動運転、自家用車購入）

所有
・クルマは個人の財産
・経済性の観点で
　購入を選択
・手間なく効率的に管理

移動
・自由な移動ができる
　好きな時に
　好きな場所へ
　好きなルートで

運転・操縦
・運転はクルマがする
・安全はシステムが担保
・エネルギー効率が良い
・社会全体最適

空間演出
・乗車中の安全は確保
・移動中も自由に過ごす
・個々に最適/カスタム

先進プレミアム層
（ADAS、自動運転、自家用車購入）

所有
・クルマは個人の財産
・自家用車を購入
・所有欲を満たす
・手間なく効率的に管理

移動
・自由な移動ができる
　好きな時に
　好きな場所へ
　好きなルートで

運転・操縦
・運転はクルマがする
・安全はシステムが担保
・エネルギー効率が良い
・社会全体最適

空間演出
・乗車中の安全は確保
・移動中も自由に過ごす
・個々に最適/カスタム
・プレミアム感

趣味ドライバー層
（手動で運転、自家用車購入）

所有
・クルマは個人の財産
・自家用車を購入
・所有欲を満たす
・手間なく効率的に管理

移動
・自由な移動ができる
　好きな時に
　好きな場所へ
　好きなルートで

運転・操縦
・運転を楽しむ
・思い通りの操作性
・運転技術の追求
・自己責任

空間演出
・乗車中の安全は確保
・移動中も自由に過ごす
・個々に最適/カスタム
・プレミアム感

変化すると見込まれます。一方、人の「移動」についての根本的なデマンドに方向性の大変革は起きません。

　しかし、移動したいという根本的なデマンドは変化しないにも関わらず、環境保護や高齢化、都市の過密化、地方の過疎化などの理由で、「移動」には、個人や社会の様々なレベルで制約が入る方向性にあります。つまり、これまでの「費用」というコスト感覚以上に、「エネルギー」と「労働力」というコストの削減を求められる傾向が強まり、"移動はぜいたくなこと"という感覚が生まれ、移動を伴わずにできるということが一つの価値を形成し、移動しなくても満足が得られるためのソリューションは多くのものが検討されています。これまでには、「しなければならないからしている移動」というものが多くあり、そのような移動については、「しない」という選択が可能になり、それは望ましいことでしょう。

　しかし、すべてのケースにおいて「移動しない」という選択をすることが、本当に望ましいでしょうか。このことについては、よく考える必要があります。というのは、その場所でしか得られない体験に対する価値が高まる、ということも予測されているからです。このような価値観は、現在もすでにあらわれ始めていますし、将来、"移動はぜいたくなこと"になれば、当然そのような方向性が強まることは、自然なことです。

　"ネガティブな移動は削減され、ポジティブな移動の価値は高まる"——。これが、今後の移動に関する価値のトレンドです。ビジネスにおいても、個人の生活においても、移動はこのような価値観をベースにとらえられることになり、モビリティー関連サービスの具体的な内容を検討する場合においても、このような考え方を念頭に置いて、検討を行う必要性があります。

　そして、このような状況であればこそ、クルマメーカーが追求すべ

きサービスとは自らのクルマや技術を活用し、将来も人々の「移動」
デマンドを、できるだけ自由で便利なものとして実現し続けるための
ものであるべきではないでしょうか。

■ 他のモビリティーに対するクルマのメリット・デメリット

　クルマメーカーとしては、人々がモビリティーを選択する場合に重
視するモビリティーの特徴も踏まえておく必要性があります。ここで
簡単にクルマと公共交通機関である鉄道との比較で考えてみましょ
う。

　一般的に、クルマの利用者は機動性や運搬性を重視し、鉄道利用者
は定時性や交通事故に対する安全性を重視する傾向があるようです。
つまり、「私的な交通手段」であるということがクルマが選択される
特性に直結しているようです。この方向性からは上記以外にも以下の
ようなメリットがクルマの特性として挙げられます。

	クルマ	鉄道（公共交通機関）
費用	・初期費に加え、燃料、修繕、道路料金、税などの費用が必要	・切符代（人数分）
	⇒複数人で乗る場合にクルマの割安感覚が大きく、家族旅行などでは廉価性が要因でクルマが選ばれ、一人旅では鉄道が選ばれやすい	
所要時間	・ドアツードア ・渋滞する場合がある	・駅へアクセス必要 ・乗り換えが必要な場合もある
	⇒500km程度の近・中距離の旅行においては、全所要時間で見るとケースバイケース	
随時性・定時性	・出発時刻を自由に選べる（随時性が高い） ・渋滞すると到着時刻が正確によめない	・定刻運行のため時間がよみ易い（定時性が高い）
機動性	・自由に移動できる（目的地に着いた後も）	・専用ルートで運行するため、自由度は低い
運搬性	・積載量以内なら、荷物を自由に運搬できる ・子供やお年寄りなど、身体的な弱者、不自由者の送迎が楽	・徒歩を伴うため、荷物は人間が運べる量に限られる
安全性	・交通事故のリスクが比較的高い	・事故リスクは、比較的低い

・セキュリティー：周りからの犯罪や迷惑行為を受けずに済む
・衛生面：使う人が限られるため衛生的
・個室性：服装や態度など他人に気を使う必要が少ない

　このような価値は、将来ユーザーが求める価値感とはずれておらず、クルマの優位性として受け入れられ続けていく可能性は高いと思われます。

■ モビリティー関連サービス検討上の前提

　最後に、モビリティー関連サービスの検討範囲を確認しておきます。

・時期について

　ここでは、一般的に各種予測が語られているものと同様に、2030～50年頃を想定することとします。この後示す各サービスごとには、技術的な成立性なども考慮すると、AとBは2030年頃まで、Cは2030～40年頃まで、Dは2040～50年頃までに、それぞれ普及が可能ではないかと思われます。

・対象となるクルマ

　上記時期を想定すると、その世界観の中で扱われるべきクルマは、技術進化の流れからもモビリティー関連サービスの性格からも、コネクティッド化されていることは大前提となります。しかし、自動運転車および電動化車両は、いずれも部分的な要素です。

・検討サービス範囲

　「人とモノの移動に関わるサービスで、クルマを活用できるもの」とします。まずはクルマ事業とのシナジーを期待し、いったんこのよ

123

うに仮置きします。

2-3-1 モビリティー関連サービス事業として検討するサービスの例

それでは、実際にクルマメーカーがモビリティー関連サービスの事業領域を検討していく場合の重要な考え方と具体的な例を、理由とともに紹介します。まず、モビリティー関連サービス事業として、先述の戦略を実現していこうとする場合、そのためのモビリティー関連サービスは別事業化に足る魅力や収益性を備えることはもちろん、クルマ事業との間に相乗効果を見込めるものであることが重要なポイントです。

マネーフローからストックビジネスであること、そしてクルマビジネスとの間に水平と垂直の交点を見出し、その交点をしっかりと握ることで、互いにメリットを享受し合える関係性にできることが求められます。

この後に示すAとB、二つの観点からのサービスは、そのような相

	クルマ事業との水平と垂直の交点の結び方	ストックビジネスとしての可能性
A	人もモノも含んだ需給マッチングのプラットフォームを、クルマメーカーをまたいで水平展開する。そこで得られるデマンドデータを元に、ニーズに合ったクルマを世の中に供給する 【水平と垂直の交点】 人とモノの移動に関するデマンドを、位置、時刻、他様々な観点からリアルタイムに収集する仕組み	コネクティッドカー（供給側のクルマの位置や仕様を把握）をアセットとして活用 需要データを収集し、マッチングするためのシステム構築が必要しかし、このようなシステムは契約数増加によるコストアップは少なく、ストックビジネス向け
B	移動デマンドにつながる興味データと、それに応えられる移動先の情報を収集し、誰に対しても広く、マッチングと提案をする。その際、移動手段として最適なクルマの提案も行う 【水平と垂直の交点】 人とモノの移動に関するデマンドを、位置、時刻、他様々な観点から理解する仕組み。デマンドクリエーションの利点を生かして、デマンド発生時に即座に提案可能なシステム	コネクティッドカー（供給側のクルマの位置や仕様を把握）をアセットとして活用 興味データと移動先の情報を収集、マッチングするシステム構築が必要。しかし、このようなシステムは契約数増加によるコストアップは少なくできる可能性ありさらに興味データは汎用性が高く再利用も検討可能

124

乗効果を見込めるものであると思われます。サービスの紹介に先立ち、この観点のみ先に示しておくと、AとBそれぞれについては以下のように水平と垂直の交点を結び、ストックビジネスとしての可能性も備えていると思われるために、モビリティー関連サービス事業として検討可能なものとして紹介しています。

2-3-1-1　Ａ：モビリティーの備えるべき仕様を握る

■物流と交通システムの方向性

　物流に関しては、コスト意識の高まりと労働力不足への対応から、協調領域化が進み、大きな流れとして全体最適や効率化が求められ、交通システムに関しても基本的には同じ流れです。大きな考え方は、次のようになります。

＊できるだけみんなまとめて、運べる人が運ぼう

ビジネスの変化 ・貨客混載 ・広域化　など	・離島や過疎地では、物流システムのみならず、交通システムについても、ビジネス的に成立できなくなる可能性あり ⇒より広域でのビジネス展開が可能な交通システムや、人とモノの混載・共同輸送など、従来の規制の枠組みを超えたビジネスモデル転換が必須となる予測
システムの変化 ・P/F化、標準化 ・全体最適 ・共同輸送 ・シェアリング 　など	・乗用車のシェアリング、ロボットタクシーが増加 ・物流システムはP/F化され、徐々に協調領域化、標準化・全体最適が進む予測 ・マクロ視点からも、省人化、効率化、最適化の観点は重要で、時間的・エネルギー・労働力的な効率UPは必須 ⇒マルチモーダルやタイムシフトなどを含む全体最適化を図るための統一的なシステムが求められ、さらに個人用の乗用車のみならずトラックやバスなどについても、シェアリングなどを含め共同利用が進む予測
運ばれる中身の変化	・モノづくり変革により製造業に関わる物流量が全体に減る可能性が考えられる ・食品の配送需要増加、個人向け小口の増加など、現在すでにみられる変化傾向も拡大見込み ・ショッピングセンターのショーケース化により、買い物は持ち帰りでなく配送に置き換わる方向性 ⇒つまり、物流は、産業基盤としての役割に加えて、生活インフラの側面が強まる方向性にある

＊そのためのクルマやインフラはみんなで共有し、融通し合って利用
　しよう
＊その代わり、輸送計画や状況はリアルタイムに正確に把握しよう

　このような社会になると前提を置くと、今後は需給マッチングと配
車サービスが重要になると思われ、先行している物流業界ではP/F争
いがすでに始まっており、交通システムにおいてもシェアリングサー
ビスなどを展開する企業を中心にP/F化が模索され始めています。

■ クルマ事業としては新たなデマンドを握ることが重要

　物流と交通システムは今後、ニーズ・ビジネス・システムなど様々
な観点から激変が予想されます。このような時流の中、物流や交通シ
ステムに商品を提供する立場のクルマメーカーが生き残るためには、
まずは激変していく社会と個人のニーズを的確に把握し、それに見合
うモビリティーをスピーディーかつタイムリーに提供し続けられるこ
とが必要です。特に、デマンドをおさえることについては、先に示し
たスマイルカーブの観点からも、最も重要なことと言えます。
　しかし、同時に進むP/F化においては、それを担うプラットフォー
マーが様々なデマンドデータを集中的に把握できる立場になるため、
プラットフォーマーの業界内での地位を押し上げ、業界内のパワーバ
ランスを大きく変えます。

■ 提案：クルマメーカーがプラットフォーマーになる

　このような状況を鑑みると、クルマメーカーが現在のポジションを
利用してプラットフォーマーに名乗り出るということは一つの戦略に
なり得ます。幸い、現在の物流と交通システムの多くはクルマという
輸送手段を用いており、将来予測においてもそこに変化はありませ

ん。

　すでにコネクティビティーの拡大を進めているクルマメーカーであれば、需給マッチングと配車サービスのための前提となるクルマの供給に関して「どんなクルマが、いつどこにあるか」というデータをおさえることは可能です。この強みを生かし、「人もモノも含んだ受給マッチングのプラットフォーム」を一つのモビリティー関連サービスとして事業化することが、まず最初の提案です。

■具体的サービス例

　将来の社会を予測した場合に、P/Fの備えるべき特徴は最も広くとると、「人もモノも含んだ需給マッチングのプラットフォーム」ということになると思われます。貨客混載のトレンドなどを考慮すると、このような方向性は必要であると思われますし、例えば、行きは人を乗せるが帰りは荷物を載せるなど、柔軟な輸送手段の活用は、効率化の観点から重要であると思われます。そのようなP/Fが備えるべき要件はざっと以下のようなことかと思われます。

・現在地・目的地・到着時刻などを理解したマッチングができる
・乗るものの属性（人かモノか、壊れ物か、重さ、大きさなど）や管理情報（冷蔵・冷凍、衛生面など）を把握できる
・乗せる側のクルマの装備や機能、何がどのくらい乗るのかの情報が分かる

　また、このようなP/Fを活用すると、個々のコンテンツとしては以下のような事柄をキラーコンテンツとして検討することも可能です。

★コンテンツ例a：「地方向け貨客混載タクシー」

　特に先進国では地方での高齢化が進み、"買い物難民"など日常の足に困る人々が増加しています。一方で、物流サービスがビジネス的に成立しにくくなっている現状もあり、そのような人々の足となるタクシーをオンデマンドで運行すると同時に、相乗りできる荷物や人をマッチングしていけるようなサービスはニーズがあるものと思われます。

★コンテンツ例b：
「共働きファミリー向け農産物の加工代行＆産地直送サービス」

　将来は共働き世帯が増加し、家事の負担軽減は大きな課題です。中でも炊事の負担は、買い物や栄養管理を含めた事前計画から洗い物やごみの片づけなどの後処理まで含めると非常に負担が大きく、今後は宅配食や加工済み食品がますます増加すると思われます。

　このような方向性に加え、食品安全の観点から、生産から流通過程の把握に対するニーズや、栄養管理、ダイエット、アレルギー対応などの観点から、個々へのカスタマイズもニーズが高まる予測です。

　さらに、農業IoTやオンデマンド栽培などの技術と組み合わせることによって、このようなニーズに対応したオンデマンドかつカスタマイズ可能な食品加工流通システムを構築することが可能になるのではないかと思われます。

■ ビジネス展開の際に重要なポイント

　P/Fを運営する上で重要なことの一つは、まずはP/Fの認知と魅力を高めていくことです。これには、参加するコネクティッドカーのシェアが重要です。このためには、自社のクルマのシェアを上げていくことと同時に、他メーカーの参加など様々な施策を検討すべきで

す。また、ユーザーとの顧客接点を増やし認知と利用者を増やす努力ももちろん必要です。

　そして、さらに重要なことは、P/Fを通じて得られるデマンドデータを活用して、ニーズに合った仕様のモビリティーをタイムリーに十分な量、市場投入し、特に供給が十分満たされるための仕組みをきちんと作ることです。

　クルマメーカーとしては、どんなものを、誰がいつどこからどこへ運ぼうとしているのかなどのデータを把握することで、それに合わせたクルマの在り様を、最適化していくことができるのではないかと思われます。例えば、以下のようなことです。

・シェアリングが当たり前になった場合の最適な乗車人数はどのくらいか
・トランクの大きさはどのくらいか。どんな形、機能のトランクなら良いか
・牽引、隊列走行は必要なのか、不要なのか
・そもそも、クルマのサイズやパワーはどのくらいが適切なのか
・基本P/Fは同じだが、トラックから乗用車まで様々に変えられ、季節や時間によって変更できるようなクルマであれば効率的な活用ができるか

　消費者が、このサービスを利用したときに、自分のニーズをしっかりと満たす素晴らしいクルマが提供されれば、それはまたP/Fの魅力を高めることにつながり、相乗効果が望めます。このように、P/Fとクルマ事業の間に好循環を生み、両立していくための努力をし続けることが必要です。

2-3-1-2 B：ポジティブな移動デマンドを育てる

■ ポジティブな移動とは

先に記載した通り、「移動」に関わる世の中の価値観は変化します。クルマメーカーとしては、ポジティブな移動を促進したいところでしょう。それでは、ポジティブな移動とはどのようなものが考えられるでしょうか。個人のライフスタイルに関わる様々な将来変化から考

教育、 ED-tech	・体験型などアクティブラーニングの学習スタイルに変化 ・VR/AR活用、DBやネットワークなどのインフラ整備が進む ・学習効果の見える化、効果的な教育方法の開発、教育の個人最適化が可能になり、個々の興味や適性に応じた労力開発が可能になる ・進学、就転職などで、データを活用した適正診断やマッチングができる ・学校外の習い事、大学生や社会人の教育などで、通信教育が増加 ⇒学びは個々の適性や能力に合わせて多様化、最適化。習い事、ダブルスクール、大人の学び直しも増加見込み。 　共働き増加などの背景も受け、子供を安全に保護でき、学習に適した場所として、物理的な教育施設は残る
ライフサイエンス、 ヘルスケア、 医療、介護	・医療は対処から予防へ。リアルタイムな健康状態管理やリスクの分析管理を個人レベルでできるようになり、保険との連動も進む ・地域により自宅療養などを含む医療施設のバーチャル化が進む可能性 ・障害や病気を抱えた人の自立支援対策も進む ・再生医学、免疫治療、DNA分析・編集なども徐々に発展 ⇒資金・労働力両面の節約が大きな課題であり、その対応策が具体化。方向性としてはセンサー・ネットワーク・AI・ロボットなどの技術の活用による、予防と自立支援への注力
メディア、 コミュニケーション、 レジャー、 ショッピング関連	・VRの普及、高度化により、リアルで身近な体験となる ・自動翻訳、通信事情の向上などにより、コミュニケーションハードル低下 ⇒遠隔でできることが増加・深化、物理的距離の壁は低下。仮想空間での体験も充実。結果、遠隔地の人やモノへの理解や興味が深まり交流が活発化するとの意見もあり ・通信販売の増加、店舗のショーケース化 ・VR試着、3D計測、さらにモノづくりの進化（マスカスタマイズ化など）との連動で、カスタム、オーダーメイドでの商品作りが増える ⇒買い物方法は多様化し、店舗は、コミュニケーションや、商品を体験することを重視した位置付けに変化する
育児保育、家事、ワークスタイル	・家電の進化による家事支援ツールが増加・高度化 ・宅配食やベビーシッターなどサービス分野も成長 ・親の勤務体制・場所の柔軟化 ・通勤と子供の送迎の効率化を念頭に置いた保育施設が充実 ⇒子供の送迎や子守り、介護などを働く世代が担うことを前提として、主に社会システムの変化が進む。対策の方向性は、働き方の工夫と、家事の効率化やアウトソース

えてみます。

　ポジティブな移動としては、アクティブラーニング（体験型）、旅行、新たな体験を求めてのショッピングなどがあげられそうです。これらに共通のモチベーションは「そこへ行けば素敵な体験ができる」です。つまり、人々が移動するのは、新しい体験とそれを取り込むことで得られるより豊かな人生を求めているからです。しかもそれは、モノよりもコト、学びと成長につながる投資としての意味合いが強いようです。

■アクティブな学びを支援するソリューション提案を行う

　このような状況を見ると、今後クルマメーカーが、ポジティブな移動を促進するための一つのキーワードは、広い意味での「学び」であると思われます。特に、長期的なデマンド育成の観点からは、子供のうちからポジティブな移動を体験させることが非常に重要です。また、子供の教育に対する一般家庭における投資額は景気の変動の影響を受けにくいと言われており、このような分野はビジネス的にも有望です。

　クルマメーカーが、このような分野に移動促進という観点で取り組む場合の観点として重要なことは、個人の学びのテーマ＝興味領域がどこにあるのかを理解して、その人に合った移動先を提案することではないでしょうか。そして、実行する場合の移動計画や手段の提供を行うことです。

■提案：個人の興味と、学べる場所をつなげる支援をする

　このような観点で事業に取り組む場合に考えられる方法の一つは、世の中に多くある習い事教室やイベントと連携して、生徒に対し、教室そのものやイベント、関連施設などに誘致し、移動することで得ら

れる素敵な学習体験を少しでも多くの人が得られるように支援を行う
プラットフォームを提供することです。

　世の中に、習い事の教室や各種体験イベント・施設というものは、
大小様々、多岐に渡る分野が存在し、しかもそのうちで人気の高いメ
ジャーなものは、地域や時代のトレンドを反映して変化していきま
す。ですから、クルマメーカーとしては、学びの中身を提供するとい
うよりも、個人の興味に合わせて、学びの場を提供するためのマッチ
ングや、物理的なアプローチを助ける移動支援を行うことに特化した
方がよいでしょう。

　個人が、移動を検討する際に重要なことは、内容が自分に合うかと
いった情報と、そこへ到達できるのか、物理的な移動手段の確保で
す。その両方を提供できるプラットフォームを構築してみてはどうで
しょうか。

■具体的サービス例

　このようなサービスを考える場合、得るべき重要なデータは以下で
す。

・誰がどんなことに興味を持っているか、興味の深さや、知識能力レ
　ベル
・体験できる事柄と場所（固定か、移動可能か含む）

　マッチングを行う際に、互いの移動可能範囲をある程度想定し、双
方移動することを前提に検討できるようにしておくと、より移動促進
の観点が深まり、クルマメーカーとしての提供価値が高まります。ま
た、このようなP/Fを活用すると、個々のコンテンツとしては以下の
ような事柄をキラーコンテンツとして検討することも可能です。

**★コンテンツ例a：
習い事関連の体験・イベントなどのレコメンドサービス**

　子供から大人まで個々の興味や能力を効率よく伸ばしたいという要求は高く、今後は学校以外の学びの場が、e‐ラーニングを含め、様々に提供され、利用者も増加します。このような習い事をする人々に対し、例えば、

・クロールのクラスを終了できたら、プールや海辺のホテルが割引になる
・バイエルを終了した子は、プロピアニストによるご褒美コンサートに招待
・モチベーションダウン気味の子供に、プロ選手とのふれあいの場をおすすめ

　このように、個々の興味や学習達成度に応じてタイムリーにレコメンドを行い、実際の旅行計画から移動手段の確保までを支援します。

★コンテンツ例b：高齢者向けヘルスケア教室

　高齢者にとって、ヘルスケアは共通の大きな興味分野です。今後、高齢者を中心に健康寿命をいかに伸ばし、自立した生活を行ってもらうかは社会的にも大きな課題です。そのため、高齢者のコミュニケーションと健康管理を担う場へのニーズは潜在的に見込まれます。今後は、基本的なヘルスケアデータの計測から分析、継続的な管理までがより手軽に行えるようになるため、それらを活用し、パーソナライズされた管理や指導を行うことで、病気やけがの予防に役立てることができます。

このサービスの場合は、サービス利用者は固定的な場所に通うことになるため、クルマメーカーはそのための移動手段の提供と、さらにその場へ関連する様々な人やモノ（医療関係、栄養管理、運動指導など）をマッチングし、物理的に運ぶ役割を担います。

■ビジネス展開の際に重要なポイント
　この観点でビジネス展開する場合、重要なポイントは以下の点です。

・データを確実に収集する仕組みを整える
　データを元にしたマッチングを行うために、ベースとなる情報が必要ですが、先に紹介したようなサービスの場合、どこか一つの企業やしくみと連携すれば多くのデータが集まるという類のものではありません。そのため、多くの人の興味情報を確実に収集するために、まず仕組み作りが必要になるでしょう。

　コンテンツaについての例：
　　教室向けに日々の運営と学習習熟度の管理システムを提供。自らシステムを準備することが困難な小さい教室を対象に、使いやすい支援システムを廉価（または無料）で提供し、利用してもらうことで、習い始めから終了まで継続的にデータ収集する。

・移動先を開拓する
　データが集まっても、訪問する先が少なく、レコメンドできない状況や、常に同じ場所を同じようにレコメンドしているだけでは、サービスはすぐに利用されなくなってしまいます。そのため、自ら新しい訪問先や、固定的な訪問先であっても新しさのある提案方法

ができるように工夫していくような企画や開拓といった努力が必要です。旅行会社や、イベント会社などと連携するとよいかもしれません。

・移動を伴わない内容は扱わない

　そもそもの目的は、移動促進です。移動することで得られる体験を積み重ねてもらい、外出や移動のモチベーションを文化的に損なわないことが重要です。そのため、この事業の範囲においては、誰も何も「移動しなくてOK」という分野は扱うべきではありません。

　また、このようなサービスを行うことのメリットとしては、興味データは汎用性が高く、利用価値が高い情報であるために再利用の検討が可能です。データの外販や、このプラットフォームそのものを提供するようなサービスも検討できる可能性があります。

2-3-2　クルマ事業で検討するコネクティッドサービスの例

■相乗効果を狙えないサービスは別事業化すべきでない

　コネクティッドサービスには、これまでに提供されてきたテレマティクスサービスも含め、様々なサービスが考えられます。しかし、そのようなサービスが今後すべてモビリティー関連サービスとして別事業化して独立と両立を目指す戦略に合致するかというと、そうではありません。

　これから示す具体例、CとDに関しては、別事業化を検討するより、クルマ事業の中の付加価値向上のためのサービスとして提供されるべきものです。こちらについても、具体的なサービスの紹介に先立ち、その理由のみ記載していきます。CとDそれぞれについては、以下の

135

観点でクルマ事業の中でクルマの付加価値として取り組んだほうがよいと思われます。

C：そもそも、クルマへの顧客の囲い込みを目的とした企画であるため。

　マスカスタマイズの考え方とあわせてハード的にもサービスの観点からも、徹底的にクルマを個人の生活に密着したアイテムに作りこみ、顧客の囲い込みをしようという目的のサービスです。ターゲットに合わせて、物理的なクルマの仕様の作り込みとセットで提供することにより、他のモビリティーとの差別化を図っていきます。しかし、サービスそのものは世の中に普及しているサービスを広く活用できた方が良い場合もあり、自社で作り込むというよりはアグリゲーションに取り組むことが重要で、クルマとのパッケージングで勝負します。このような場合のサービスは、持ち込み機器連携に近しく、別事業として取り組むほどの収益性を見込むことは難しいでしょう。

D：クルマの企画に必要なサービスであるため。

　クルマメーカーがパーソナルモビリティーを企画し、提供する場合に、想定するであろう用途から発想したサービスです。そのため、このようなコンセプトでクルマを企画し、販売する際には、このようなサービスが不可欠であると思われます。また、クルマ自体の物理的なセキュリティーや、異常把握などとも切り離せないサービスであるため、一体化して販売することが現実的です。

2-3-2-1　C：無駄な移動時間をゆとりに変える

■将来も残るネガティブな移動

　それでは、現在のネガティブな移動のうち、将来も解消される見込みのないものは何かを考えてみると、以下のようなものがあげられそうです。

・学校や保育園、病院への移動（送り迎え）
・通勤（負荷軽減策は様々とられるが完全にはなくならない）

　通勤と子供やお年寄りの送り迎えの問題は、現在も働く世代にとって大きな負担になっていることの一つです。大都市部の渋滞や、学校・病院周辺の渋滞は、移動者にとってもイライラが大きいですが、近隣の住民にとっても不快感が大きくなっています。また、地域により、一定年齢以下の子供の独り歩きや一人での留守番は法的に禁止されているため、学校への親の送り迎えは必須の事柄になっており、その時刻になると親世代は仕事を終えて迎えに行くのが通常です。さらに近年の子供の習い事の増加や、今後は、高齢者の介護を抱える世帯が増える事などから、送迎の負担を分担することは社会的に大きな課題になっていく可能性があります。

■2030～40年頃のネガティブな移動に対するソリューション

　しかし、このような課題に対して、2030～40年頃までの社会の変化を見る限り、部分的には遠隔で可能な事柄が増えている可能性はあるものの、移動がまったくなくなるというほどの変化は起きそうにありません。勤務地・学校・病院などが、目的を果たすためにはそこへ行かざるを得ない拠点であり、移動がなくならないからです。

そのような時代における主なソリューションは、最適経路や時刻・交通機関に関するレコメンドや、子供やお年寄り・病人の受け渡し場所を、お互いに歩み寄り柔軟に設定できるようなソリューション、親の仕事によってはその勤務スタイルを柔軟にして移動距離を減らしたり、通勤の移動をなくすことなどが実現できる場合もあるといった、効率化を支援する程度にとどまる見込みです。つまりこのような時代においては、移動のネガティブな要素を少しでも軽減する方向性を考えるよりありません。

　一方で、このようなマス観点でのソリューションが見込めないということ自体が、個人のライフスタイルが多様化しており、それぞれの価値観に合った働き方や住まい方などを選択し、組合せも含めて無数に様々に細分化していくことの表れでもあります。そのため、このような状況においては、サービスの分野においても、モノづくりのようにマスカスタマイズの考え方を適用し、細かい選択肢を積み重ねてどれだけ多くの人の生活にフィットしたものを実現できる仕組みを作れるかが重要になります。

■提案：クルマの利点を最大限にアピールし、顧客を囲い込む

　この方向性は、クルマメーカーにとってはマイナスではありません。移動せざるを得ないという状況は、モビリティーの利用を減らすものではないからです。つまり、クルマメーカーとしてこの時期にやるべきことは、ネガティブながら必要な移動を、できるだけ快適な移動に変え、他のモビリティーへ顧客を流出させないことでしょう。

　そもそも、今後も残るネガティブなユースケースである通勤や学校・病院などへの送迎については、子供やお年寄り・病人を連れて、比較的短距離の中で複数個所を巡る必要性があるために、機動性や運搬性を重視する傾向があると思われ、クルマとの親和性が高くなりま

す。

　さらに、このような用途では、クルマは日常的にヘビーユースとなりがちです。さらに忙しい日常生活のなかでの利用であることから、必要な時にはすぐさま活用したい思いが強くなります。具体的には、呼び寄せる手間がないことや、ドアツードアですぐに利用できることの価値が高く、また、クルマの内部の状態、積んでおく荷物から座席の配置など、様々な物事を使いやすく整えておきたいニーズが高まります。つまり、クルマを所有し続ける可能性の高いユーザー層なのです。

　また、それらの移動がネガティブな印象になるのは、通勤や通学、通院では時間帯や目的地が集中することにより渋滞が起きやすい点が主な原因であると思われます。渋滞により何時に着くかが正確に分からないことや、ただでさえ忙しい時間に運転に縛られているだけの無駄な時間が過ぎるということが、イライラにつながっていることでしょう。

　しかし、2030～40年頃という時期は、現在のロードマップによるとレベル4以上の自動運転が技術的には実現しており、部分的に普及していく頃に当たり、そのような変化によって車内の過ごし方に自由度が増すことは、クルマでの移動についてのネガティブな要素を減らすことができ、チャンスとなる可能性があります。

　ですから、クルマメーカーとして取り組むべきは、交通流全体の最適化や効率化などといったアプローチをとるとともに、移動中の車内での過ごし方をより有意義なものにできるような機能やサービスを充実していくことと言えます。そのことにより、自社のクルマの顧客であり続けてもらう努力をすべきでしょう。

■具体的サービス例

　特に、通勤や学校・病院などへの送迎などのユースケースにおいては、前後の家事や育児、仕事との連動性を重視し、その一部を移動しながら行えるような環境整備がニーズに合うと思われます。そのためには、その家庭それぞれのクルマの使われ方やスケジュールに応じて、車内の時間の過ごし方を徹底的に自由にするコネクティッドサービスというものがあるとよいでしょう。

　このようなサービスは、スマートフォンでできればよいことでもありますが、車内でできてもよいと思われます。毎日のスケジュールを物理的に共有するクルマであり、なおかつクルマは実際に乗り込み、出発する、到着する、降りる、などのプロセスがはっきりと認知できることや、移動を担う主体であることから位置や移動にかかる時間の先読み、タイムリーな挙動などについては、より正確に連動できる可能性があると思われます。自家用車を想定し、物理的な装備のカスタマイズを伴えば、より個人の嗜好にあった居室空間とそこでの過ごし方を提供することができるでしょう。

★例a：スケジュール連動型遠隔家事サポート

　その家々の家電や設備とクルマの位置や目的地などのスケジュールを連動でき、クルマの中にいながら照明やエアコンの起動、お風呂や掃除機、食器洗い、調理家電のセッティングができること、帰りに引き取りたい買い物やクリーニングの手配をするなど、家事の一部を車内でのんびりと前もってタイムリーに行ってしまえます。場合によっては簡単な食事なら、出がけに引き取って、車内で済ませることもできるでしょう。このようなことは、出発前や帰宅後も含めた生活のゆとりにつながります。

★例b：通信を利用したエンターテインメント環境の充実

　まったく別のアプローチとしては、限られた家族と過ごせる時間としてその時間を思い切り楽しんだり、自分一人の貴重なリフレッシュの時間として、通信環境を利用して、車内装備品の拡充を伴った提案をすることもできるでしょう。加速度など物理的に移動しながらであることの制約は受けますが、運転をしなくてもよい状況であれば、個室空間であることを生かして様々なことが可能です。一緒に録画してあったTVを見て笑ったり、語学や歌や楽器などの通信教育を受けたり、仕事のメールや電話・TV会議をしたりすることもできそうです。

■ビジネス展開の際に重要なポイント

　このサービスにおいて重要なことは、そもそもネガティブなことであった移動の印象を、ポジティブなものに変えていくことです。ですから、まず重要なことは、社会に存在する様々なライフスタイルをよく分析して構えるべきソリューションを充実させることです。そのためには、デマンドデータの継続的な収集と分析が欠かせません。また、実際にサービスを提供するためには、家電や住宅設備との連動にしても、エンターテインメントの提供にしても、多くの企業やサービサーとの連携が必要になるでしょう。

　さらに、それらには、トレンドの要素が含まれると思われるため、クルマメーカーとしては、それぞれの個々のサービスや機能についてあまり手をかけすぎることなく、世の中の標準などにうまく乗っていくような取組み方が良いでしょう。方向性としては、現在までのスマートフォン連携や、マルチメディアの外部機器連携同様の取組みになると思われます。

　一方で、サービスをそのように汎用的なものを活用するのでは、サービスそのものでの他社との差別化はできません。従って、必要な

ものだけを選択できることや、費用の値ごろ感、さらにハードとしてのクルマとのパッケージでの価値などにより、総合的な魅力を高めていくことが必要です。

2-3-2-2　D：より多くの人の自由な移動をサポート

■ 自動運転がもたらす変化

　クルマに対して将来期待されていることの一つが、自動運転です。そしてそれが可能になると、「運転免許がなくてもクルマに乗れる」という変化が予想されます。当たり前のことではありますが、このことが生活を大きく変える可能性のある人々がいます。それは、免許を持たない、運転ができない人たちです。

　つまり、免許を返納している高齢者や、免許取得ができないハンディキャップを持った人たち、そして、子供たちです。この人たちの多くは、自力で自由に移動することに大きな制約があり交通弱者と呼ばれています。また、高齢者や障害を持つ人たちも、自力での移動が困難で、日々の生活に必要な移動を行うために他者のサポートを必要とします。そのために自立した生活を送れないとか、サポートを依頼することが負担になり、外出を自ら制限する、といったことがあるようです。

■ 交通弱者の救済

　先に、「2-3-2-1　C：無駄な移動時間をゆとりに変える」の中でも記載した通り、今後も続くネガティブな移動にはこのような人たちに対する移動上の支援も多く含まれ、社会問題化しています。しかし、このような人々にとって今後、保護者などが送迎するのと同等の安全性が担保される移動手段が提供されたらどうでしょうか。

子供の場合は、少し事情が異なりますが、高齢者や障害を持つ人たちに対し、福祉的な観点から移動の自由を保障するために「自動走行車いす」を支給しようといったような考え方も出始めています。このような議論は、少子高齢化と地方の過疎化といった社会問題の一環として2040〜50年頃の未来を想定し、真剣に議論がなされています。

■ 提案：移動に対する自他の不安を払拭するモビリティーを提供

このような交通弱者には、その移動に関して第3者が支援を行う理由が大きく二つあると思われます。

・一人で移動する身体的能力が不足
・精神面や移動以外の能力についても不安が伴う

このうち、前者のみが理由になって自律的な移動ができない場合には、それを補う手段を提供できれば良いと思われ、利用しやすいパーソナルモビリティーの提供を行うことが、第1にクルマメーカーに可能な事柄です。

しかし、多くの場合、身体的能力の問題だけでなく、後者の理由が大きくてその移動を支援しているようなケースも多々あると思われます。例えば、移動中に緊急事態が起きる可能性をできるだけ排除したい、もしそのような事態に遭遇した場合に一人では対処できないことが予想される、などです。

交通弱者には、子供や高齢者、障害者などが多く含まれ、そもそもそのような人々はその存在を第1に保護責任者が、そして社会全体でも見守り、支援の手を差し伸べるべきであるという認識が先立っています。ですから、単に身体的弱所を補完するためにモビリティーを提供するだけでは、その役割は不十分です。

143

ですから、このような交通弱者を支援するためのモビリティーとしては、その人たちの特徴に応じた見守りや支援の機能が付加されることが求められます。つまり、クルマの特徴である私的な交通手段、個室空間という特徴を生かしつつ、外部の支援者としっかり繋がり移動に伴う不安要素を払拭するためのサービス付きモビリティーの提供がニーズに合うと思われます。

■ 具体的サービス例

モビリティーに付与されるべきサービスの具体的な内容としては、セキュリティーとモニタリング機能というものが主な役割ではないかと思われます。セキュリティーとは、クルマの外部から物理的にもシステム的にも、好ましくない接触をされることを避けること、それから移動者が自ら予定外の場所へ行ったり、降車してしまったりすることを防ぐための機能です。

モニタリング機能とは、そのような密室空間に移動者を置く前提として、クルマの内部環境や乗車時間、乗っている人の状態などを車外の支援者が把握し、適切にコントロールしながら、必要に応じてコミュニケーションを図るための仕組みです。

★例a：
高齢者向けヘルスモニタリング機能付きパーソナルモビリティー

今後の高齢化に向けては、どれだけ、高齢者が自立した生活を送れるかということが、社会全体の取組みの方向性になっています。特に過疎地などでは、移動手段の減少に加え、病院や店舗なども減少すると思われるため、生活に必要な物品やサービスの入手ハードルが非常に上がります。

そのような中、自動運転などのクルマの進化にも期待が大きくか

かっています。こういったユースケースでは、移動そのものには、ある程度時間がかかっても目的地まで確実に、安全な送り届けができることが重視されます。健康状態の急変などを感知して、状況次第で医療機関と連携できるような仕組みも必要とされるでしょう。

★例b：子供の送迎代行モビリティー（セキュリティー付き）

子供の送迎は働く親世代にとって重大な問題です。現時点では、法規的な制約がありますが、保護者の負担の大きさを考えると、保護者の送り迎え同等の取扱いを認めてもらえるモビリティーの検討というものは社会的には有意義であると思われます。このようなユースケースでは、親やその代理となるべき人（シッターなど）との密接な情報連携がサービス提供上の条件になると思われます。移動中の強盗や誘拐などの危険にも配慮して、第3者の接触や、予定ルートや時刻とのかい離の通知、いざという時の駆けつけなどといった現在のテレマティクスサービスの延長といえるサービスなども求められるでしょう。

■ ビジネス展開の際に重要なポイント

このようなサービスを提供しようとする場合に懸念される事柄には、大きく「責任範囲と契約」「ビジネスモデルと成立性」の2点があります。

前者については、人が送迎をする場合には、その間に起こる様々な事態は、通常、移動者と送迎を行う支援者の責任とされるでしょう。しかし、ここで提案しているサービスのように、自動運転車がそれを代行するような場合には、その責任範囲がどこまでなのか、そしてそれが利用者にとって納得のいく内容となっているのか、事前に合意できているか、といった問題が起こりやすくなり、このような問題を回

145

避できるような事前の対応が重要です。

　また後者について、このようなサービスはそもそも社会福祉的な観点が強いため、その事業成立性とビジネスモデルについては事前の企画段階でよく検討する必要があります。交通弱者には、例えば、年金暮らしの高齢者など費用面での負担が厳しい人たちも含まれ、モビリティーそのものを購入するようなことは難しいかもしれません。それでは、シェアリングがよいのかとすると、その場合の保有者は誰になるべきか、などの問題が発生します。場合によっては、自治体や社会福祉法人などのサービスとして提供したり、まったく別の収入源を検討するなど、ビジネスモデルを工夫することが必要になるでしょう。

3章

戦略実現のために必要なシステムと体制

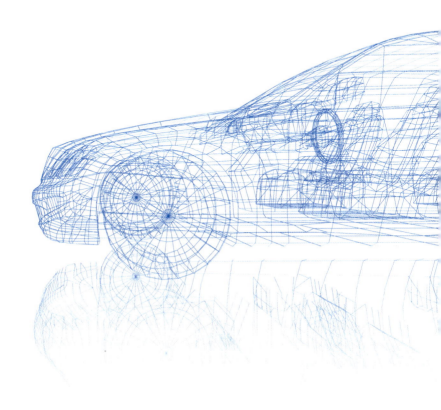

ここまで見てきたように、モビリティー関連サービスと言っても、様々なサービスが考えられます。そしてそれらを、別事業化し、先述の戦略にのっとってクルマ事業との両立を進めようとする場合には、様々なデータ収集を行ったり、クルマ事業との間に、水平と垂直の交点を持つために、専用のシステム開発を行ったりする必要性があります。

　そのようなことを行うためには、クルマ事業においては、これからは二つの事業を成り立たせていくという前提のもとで、改めて商品であるクルマそのものにも、またこれまでクルマ事業を根本的に成り立たせてきた各種の仕組みに対しても、様々に新たな仕込みや構えを導入し、必要な変化は受け入れていくことが必要になります。

　また、モビリティー関連サービス事業においても、クルマ事業と並び会社を支えていく両輪の一つに育てていくべきであるという前提のもと、必要であれば、過去に例のない手法の選択や、これまでとは全く異なる文化の導入なども臆せず決断し、必要な投資をしていくことが必要になります。それは、クルマメーカー単独にとっても、クルマ業界全体にとっても大きな挑戦になっていくでしょう。

　ここから先の3章では、2章に記載した戦略を実現していくにあたって、必要になるこのようなチャレンジの中で、二つの事業の独立と両立という戦略実行のために、特に重要度と影響度の高いと思われる事柄について、システムと体制の観点から記載します。

3-1 システム

3-1-1 2030年頃のトレンドと求められるシステムの競争ポイント

はじめに、導入〜2章までの内容を簡単に振り返りつつ、2030年以降に向けた重要なトレンドについて、ポイントをおさらいしてみましょう。また、同時にそこから導かれる競争上のポイントについても確認します。

■データ主導型の社会では、データこそが財産

導入部および1章で記載した通り、現在から今後にかけてのイノベーションの在り様は、情報技術の進化をベースにし、その上で様々な個別領域のイノベーションが進むという構造になっています。そのため、モノづくりの変化に関しても、ITサービス分野のイノベーションに関しても、基本的には情報技術の進化トレンドを取り込んだ形で「データ主導型」へと進みます。ですから、王道的にはこのアプローチを外れないということが非常に重要です。

とはいえ、情報技術の取り込みは、もともと情報技術になじみの薄い他業界のメーカーにとって、簡単なことではありません。このような状況の中、クルマメーカーは何に注力してデータ主導型社会を生き抜いていけばよいでしょうか。そのためのヒントとなることが、1章でご紹介した今後のデータ主導型社会の特徴にあります。データ主導型社会の特徴は、データを活用することにより、「効率化、全体最適、省人化」「製品やサービスのイノベーションを加速」「クオリティーコントロール」の3点が、タイムリーかつリアルタイムに行われる社会であると紹介しました。つまり、ここで示されている通り、データ主

導型社会においてデータはその最も根本的な存在です。

　そもそもデータとは、モノのIoTということにおいて、様々な製品に取り付けられたセンサーとネットワークを通じて集められるので、それらの収集を行うためには、モノを作るメーカーの仕込みがなければなりません。また、集められたデータの特性や意味は、データの発生源である部品＝製品を構成するアクチュエーターなどへの詳細な理解がなければ、正しく読み取ることができません。つまり、製品のつくりと、内部を流れるデータの意味を理解しているメーカーには、本来データ収集と処理・活用は、IT系の事業者などに比べ、有利に進められる分野であり、各業界の進化のためにメーカーが主導すべき領域です。

　事業の観点からも、スマイルカーブの両端を握り、商品やサービスにおけるイノベーションを主体的に推し進め、同時に事業効率を追求できるポジションを維持し続けようとするならば、デマンドデータをおさえることは必須の課題です。ですから、今後重要になることは、繰り返しになりますが、自らの製品を通じて得られるデータを重要な財産であり資源であると認識し、イノベーションの源泉として活用していくことなのです。そしてその際にまずクルマメーカーにとって必要なやるべきこととは、そのようなデータをしっかりと収集、活用するための仕組みづくりをすることです。

■ データ活用により商品・サービスを
　スピーディーに最適化することが重要

　そして次に、クルマメーカーにとって重要なことは、得られたデータとその分析結果を生かして、よりよい商品やサービスを開発していくための仕組み作りです。クルマメーカーにとって、戦略を実現していくためには、このような開発をスピーディーに進めること

が、クルマとモビリティー関連サービスの双方で、今後必要になります。

　しかし、それらの要件を、具体的なモノづくりやサービス開発に結び付け、実際に動くものとして安定的な品質や価格で世の中に提供するというところには、また別の技術が必要になります。

　特に、クルマの場合は、人の命を預かる商品であるため、特に品質についての要求レベルは高く、他のモノづくりの分野よりも、ずっとシビアにその実力が問われます。ですから、既存のクルマメーカーは安定的な品質でモノづくりを行える能力について、今後においても徹底的にこだわりを持ち、自らの強みとして生かし続けていくべきです。そしてそのことがまた、クルマを用いたモビリティー関連サービスの提供においても、重要な差別化要素になります。

　つまり、クルマづくりにおいて、クルマメーカーが今後行うべきことは、デマンドデータから得られた改善点や新たな価値を、いかにスピーディーに世の中に提供できるか、そのスピードの向上にあります。また、一般的な商品サービス開発の傾向として指摘される通り、デマンドの細分化・高度化にきめ細かく対応できることも同時に必要になります。これらのことを実現するための仕組みが、クルマ作りにとって重要です。

　また、このような方向性は、モビリティー関連サービスにとっても同様ですが、一般にモノづくりよりもサービス開発の方が改善や新商品のリリースサークルがずっと速く、クルマメーカーはそのスピード感にしっかりと追随できるよう、クルマ事業単体に取り組んできたこれまでとは異次元のレベルで対応をとることが求められ、様々な仕組みを整えていく必要があります。

　つまり、二つの事業の独立と両立という戦略のためには、クルマ事業での品質の作り込みを強みとして重視しつつ、それ以上にスピード

感を持ってより良いモビリティー関連サービスを世の中に提供することと、そのために最適なものにクルマを作り変えていくことなのです。そのためには、コネクティッドカーに必要とされるシステムは、常に最新化され、競争力を保ち続けられるものであることが求められます。

■今後の競争のポイント（まとめ）

ここまで、導入から2章までに記載してきた事柄を振り返りつつ、クルマ事業とモビリティー関連サービス事業の二つの事業を扱い、それぞれの独立と両立を進めるという戦略をうまく運ぶために、クルマメーカーが今後どのようなことを重視すべきか、ということについてポイントを記載してきました。最後に、これらのことを最も簡単にまとめると、要するに、以下の2点が最重要事項であるといえます。

①データ主導型社会におけるイノベーションの源泉となる「データ」をいかに揃えるか、囲い込むか。つまりこのことは、システムの観点からみると、「ビッグデータ・AI活用を前提としたデータ収集の仕組み」とはどのようなものであるべきか、ということになります。

②データを活用し、どれだけスピーディーに、よりよい商品・サービスを他に先駆けて世の中に提供できるか。こちらは、システムの観点からみると、「高度化・細分化するデマンドをスピーディーに実現する仕組み」とはどのようなものであるべきかということになります。

ここから先では、これら二つの観点から、戦略実現のためのあるべきシステムについて詳細を記載していきます。

3章 戦略実現のために必要なシステムと体制

3-1-2 ビッグデータ・AI活用を前提としたデータ収集の仕組み

■コネクティッドカーのシステム構成要素と今後の進化の方向性

　ここでは、データをそろえて囲い込むために、コネクティッドカーが持つべきシステムとはどのようなものであるべきか、ということを記載していきます。はじめに、モビリティー関連サービスを実現するためのコネクティッドカーに必要なシステムの構成要素（部品）として、どのようなものがあるのかを整理してみましょう。

・車載システム：以下から構成されるクルマの中の部品
　　　　－車内のカスタマータッチ（UI）
　　　　－各サービスアプリをインストールし動かすための器
　　　　－車内データのキャプチャーやフィルタリングを行うGW
　　　　－電子P/F（外部連携を前提としてECU制御を実施）
　　　　－車載通信機（モデム）など
・通信：クルマと外をつなぐネットワーク
・データセンター（インフラ）：データの収集、蓄積、分析を行う器
・分析機能：ユーザーのデマンド分析、クルマの開発・管理目的の分析
・サービス：P/F共通機能、個別のサービスを実現するアプリケーション

　このほかに、部品とはやや性格が異なりますが、開発過程で考慮されるべき重要な事柄として、セキュリティーなどの観点もあります。
　それでは、これらの構成要素を持つシステムが、「ビッグデータ・AI活用を前提としたデータ収集の仕組み」であるためには、どのような要件を備えているべきなのでしょうか。まず必要になることは、

153

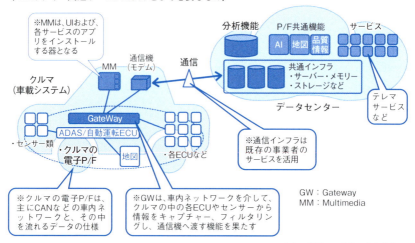

将来における真のコネクティッドカーはインカーとアウトカーが一体化した「コネクティッド基盤」を備えたものへと変貌することが必要です。具体的に噛み砕いて説明をすると、やるべきことは基本的によく言われている通りで、主に以下のようなことです。

＜インカー＞

アウトカーシステムとの連携を前提としたより大きな全体システムの一構成要素として、その在り様を変化させていくことが必要
・電子化
・ECUのネットワーク強化（大容量化、高速化、セキュリティー強化など）
・通信機の標準的な搭載
・車両の電子P/Fの整備と標準化

・アーキテクチャーの最適化　など

＜アウトカー＞

　今後のイノベーションには拡充が必須の領域。様々な機能充実など、本格的な投資が必要
・ビッグデータ活用のための基盤整備
　　デマンド分析、クルマの開発や管理目的に必要な分析（クオリティーコントロール領域）、ダイナミックマップなどの位置をベースとした情報などを、ビッグデータとして収集・管理する仕組みが必要
・モビリティー関連サービス提供のための基盤整備
　　各コネクティッドサービス共通のサービスP/F（サービス商品管理・決済などを含むストア機能、会員管理、ディベロッパー機能などサービス運営に必要なもの）および、サービスアプリケーションそのもの
・クルマへのフィードバック・クルマとの対話を行う機能
　　ソフトウェアアップデートやデータ、各種命令の送付など

　比較的、インカーの分野は対応が積極的に進められており、技術進化のロードマップもある程度明確化されているように思われます。しかし、全体的な傾向として、アウトカー領域の技術進化、およびそれを含めたインカーとアウトカー全体を通じたシステムの検討については、インカー領域に比べ、やや対応に不透明感があると感じられます。

　そこで、この先ではモビリティー関連サービス事業の開始や、「ビッグデータ・AI活用を前提としたデータ収集の仕組み」ということに注目し、特にアウトカーとの一体化されたシステムとして見た場合

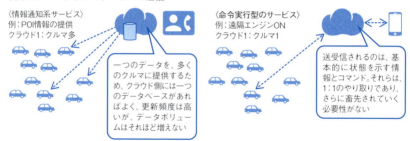

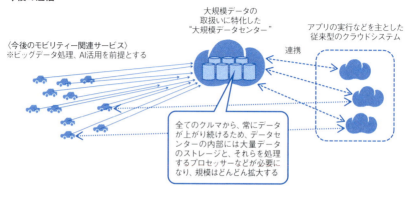

に、システム全体を通じて行うべき、非常に根本的で重要な2点について、重点的に記載をしていこうと思います。それは、以下の2点です。

・大量データの器の準備
・ビッグデータ処理ができるためのデータの整合と正規化

■大量データの器の準備

　導入部や1章で触れたように、今後重要とされるデータ活用の方向性は、ビッグデータやAIの活用です。従来、クルマ業界で構築されてきた代表的なクラウドシステムは、テレマティクスサービスのため

のものでした。テレマティクスサービスのシステムは、主に、クラウドからクルマに情報を送信したり、あるタイミングでクルマの状況を確認し、それに対する命令を返すなど、基本的に「クラウド1：クルマ1or多」のやりとりを主としてきました。そのため、クラウドシステムには、それほど多くのデータの蓄積はされず、システムはアプリケーションの実行を主とするものとして企画開発されてきました。

　しかし、ビッグデータやAIの活用は、"大量データありき"の世界です。収集できるデータは全て収集し、その意味や使い道は後で解るというのがビッグデータやAIの特徴なので、不要なデータは基本的になく、そのためのシステムは規模の拡大を続けます。

　もちろん今後も、アプリケーションの実行を主とした従来型のシステムも必要ですが、上記のトレンドから、その手前にインフラ的な位置付けで大規模データを収集・蓄積・管理するデータセンターが必要になります。そして今後のクルマの進化には、このような基盤が不可欠です。

■ビッグデータ利用を前提とした　基本的なデータの整合と正規化

　すべてのデータをビッグデータとして共通基盤で扱うための前提として、基本的なデータの整合性をとることはとても重要です。データとして、一般にクルマメーカーがクルマ事業の中で収集と活用を検討していると思われるものは大きく分けて、位置ベースの情報、つまり自動運転を前提としたダイナミックマップの生成のためのデータと、クルマの開発や管理（クオリティーコントロールなど）に関するデータの2種類であると思われます。

　基本的なデータの整合性に関して、例えば、このうちのダイナミックマップの例をとって考えてみましょう。現在、自動運転やITSなど

を前提としたダイナミックマップの整備は、グローバルで各クルマ
メーカーのみならず、各国・地域政府なども検討しています。それ
は、ダイナミックマップのような非常に多くのクルマからのデータ
を必要とするデータベースの整備は、クルマメーカー1社で行うより
も、社会基盤として多くの企業が協力して、一つのP/F上に収集を進
めていく方が効率良く、全体として精度向上も狙えると思われるため
です。クルマメーカーごとやブランドごとなどで、各社ばらばらに収
集していたのでは、特に広域になればなるほど、データベースとして
使い物にしていくことが難しいのです。

　しかし、このように、クルマから上がるデータが一つの基盤に集め
られ、そこでビッグデータ・AI活用を行えるためには、収集の前段
階でデータの在り様に関し、様々な決まりごとを作り、標準的な仕様
のもとでデータを収集しておくことが必要です。そのため、現在はダ
イナミックマップの整備の検討の場においては、データの標準的な仕
様についての議論が交わされています。また、そういったいくつかの
検討の場が存在する現状において、将来そのいずれがグローバルなデ
ファクトスタンダードとなるのか、ということが勝負どころになって
います。

　このように、データに関する標準的な仕様を策定し、その整合性を
あらかじめとっておくということは、ダイナミックマップやクルマに
関するデータのみならず、一般的にあらゆるデータにおいてビッグ
データ解析の対象としたい場合に必要な事柄です。

　次に、このような整合性や正規化といった事柄には、どのような種
類があるのか、以下に例を示します。

基準データの整合性

　まず、タイムスタンプや位置情報など、基準となるデータについ

て、収集段階で不整合が起きていては、正しくデータ分析できません。

取得可能なデータの種類、粒度

データの粒度も統一が必要です。例えば、「あるクルマは、アクセルの踏み具合について1秒間隔でデータをとることになっているが、あるクルマは0.5秒間隔でとることになっている、さらに別のクルマでは1秒間隔でとるが、それ以外にも、ぐっと踏み込まれたタイミングなど変化のあるタイミングではデータをとる仕様になっている」など、クルマによってデータ取得の基準が異なっていては、うまく比較することができません。

同様に、クルマによって、とれるデータの種類が異なることも問題です。しかし、クルマには装備の違いが多いので、それを完全になくすことはできません。ですから、そのクルマでデータがないのは、部品はあるがデータがとれるようになっていないのか、それともその部品の搭載がないためにデータがないのかなどの違いを、システムが理解できるようになっていることが必要です。

このようなことは、複数メーカーへの発注や、オプション装備の機能、オプションか用品かなど、商流の違いによっても起こりがちで、今後ビッグデータとしてデータ収集を行っていく上では、注意が必要な事柄です。あらかじめ、部品の要件としてクルマメーカーから部品メーカーに対応を指示しておくことが必要で、場合によっては、このようなことを厳密に行っていくためには、クルマ側の仕様の共通化、標準化なども必要です。また、それらを根本的に規定する車両の電子P/Fの検討段階においては、しっかりと方針が決められ、仕様への織り込みがなされることが重要です。

さらに、ビッグデータとして情報を統一的に分析できるようにする

ためには、後工程でそれらの違いを気にすることなくデータを扱える
ようにするための「正規化」の処理も、大規模データセンターで行う
べき重要な処理の一つになります。

3章　戦略実現のために必要なシステムと体制

データの整合性に関する現在の状況と必要な対応

現在、クルマには様々な仕様差があるが、このままではすべてのデータをビッグデータとして共通基盤で扱うことが難しい

今、9：45：20	今、9：45：10	今、9：48：20	今、9：45：20	今、9：45：20	①
[速度] 変化の大きさに よって取得	[速度] 0.5秒間隔	[速度] 1秒間隔	[速度] 変化の大きさに よって取得	[速度] 変化の大きさに よって取得	②
[アクセル操作] 操作した履歴を 全部取る [ブレーキ操作] 操作した履歴を 全部取る [ハンドル操作] 操作した履歴を 全部取る [オイル残量] EVなので データなし	[アクセル操作] 0.5秒間隔 [ブレーキ操作] 0.5秒間隔 [ハンドル操作] 0.5秒間隔 [オイル残量] 0.5秒間隔	[アクセル操作] 1秒間隔 [ブレーキ操作] 1秒間隔 [ハンドル操作] 1秒間隔 [オイル残量] データが取れない	[アクセル操作] 操作した履歴を 全部取る [ブレーキ操作] 操作した履歴を 全部取る [ハンドル操作] 操作した履歴を 全部取る [オイル残量] 0.1秒間隔	[アクセル操作] 操作した履歴を 全部取る [ブレーキ操作] 操作した履歴を 全部取る [ハンドル操作] 操作した履歴を 全部取る [オイル残量] データが取れない	③
[ナビ操作履歴] 操作した履歴を 全部取る	[ナビ操作履歴] 操作した履歴を 全部取る	[ナビ操作履歴] 目的地と 現在地のみ	[ナビ操作履歴] 用品ナビで データとれず	[ナビ操作履歴] ナビなし	④

■**基準となるデータのずれ（タイムスタンプ、位置情報など）**

①　・基準となるデータがずれていると、時間軸の前後関係や位置関係が正確に把握できなくなってしまう

■**データ取得の基準の違い（一定間隔orイベントベース）**

②　・取得基準が異なると、比較がしにくい
　　・一定時間ごとの場合、間隔が十分に小さくないと、変化を取りこぼす可能性がある

■**データ取得可否／データ有無**

③　・クルマによってとれるデータと取れないデータがあったり、仕様や装備によってデータの有無がそもそも異なるなどの違いがあるとデータ分析がしにくくなる
　　・データはクルマにはあるのに取れないのか、データがそもそもないのかなどが、理由とともに分かるようになっていることが望ましい

■**メーカーオプションや販売店装着オプションによる違い**

④　・オプション設定の場合、設定がされていないからデータがないのか、単にデータが取れていないのかが分かるようになっていることが望ましい
　　・販売店装着オプション品についても、純正品についてはできるだけデータ取得の仕様はそろっていることが望ましい

161

■社会や他業界などとの連携・協調を前提とした
　データ活用の仕組み

　モビリティー関連サービスを本格的に企画し、開始する際には、現在主にクルマ事業のために収集が検討されている位置関連情報と品質などの情報だけでは、現実的にサービスのために必要なデータとして不足が生じるものと思われます。例えば、「2-3」で紹介したようなサービスを始めるためには、運ばれるモノや人に関する情報が詳細に必要になり、人の興味情報も必要です。

　このようなデータ収集に関しては、コネクティッドカーでも、例えば車室内の会話音声など部分的に取得できるものはありますが、とれるデータの範囲がクルマメーカーの顧客やクルマに乗っている時間に限られてしまうことなどから、顧客接点としてのクルマの有効性は限定的であると言わざるを得ません。つまり実際には、コネクティッドカーからとれるデータだけでは、世の中の動向を読み取ることはできないので、世の中のデマンドにしっかりと対応したサービスを提供するためには、必要なデータはほかの方法で得る必要があります。

　考えうる方法としては、TwitterやLINE、FacebookのようなSNSの分析など、さらに今後の技術進化次第では、ウェアラブル端末や、ホーム端末が普及し、そこからの取得情報が有効になるかもしれません。モビリティー関連サービスの企画内容次第では、直接そのような顧客接点となる端末を作りだし、モビリティー関連サービス事業の観点から見れば、クルマに次ぐ第2のデバイス・アセットとして普及させるといったような新しい事業を始めることも可能性としては検討すべきでしょう。他には、世の中の他のサービサーやアグリゲータなどと協力して、データを共有したり、彼らから調達するということも必要になる場合があるかもしれません。

　このように、データを外部から収集したり、データの共同収集・

利活用を行ったり、外部に提供したりする可能性は、今後十分に考えられます。そのような場合に、他のシステムとの連携をスムーズに行うためには、データセンターには、外部連携の機能が必要になります。また同時に、そのような外部とのデータの活用に関する連携をスムーズに行うためには、やはりデータの仕様そのものは世の中の標準に配慮した形とし、連携を行いやすい形式でデータベースを整備しておくことも必要になります。

■社会のルール・法整備への対応

しかし、このようなデータの活用に関しては、いくつか注意が必要となることがあります。それは、データは財産であるということを忘れてはならない、ということです。ですから、外部に対し、データ提供を行う場合にはモビリティー関連サービス同様に、その行為をストックビジネスとしてとらえる必要があります。そのため、必要以上に多くの価値を持った状態でデータを外部に出さないことや、付加価値を付けられる状態でデータを出すことが必要となり、そのための仕組みも必要です。

また、データの利活用に関しては、社会的なルール・法整備への配慮も同時に必要です。しかし、一般に社会的なルール化、特に法整備は技術の進化に対して遅れがちです。モビリティー関連サービスや自動運転の分野でも、そのような傾向があるため、すでに予測可能な事柄については、システム構築の際にも、将来的に法規化などが行われた場合には、対応が可能なように、あらかじめ組み込んでおく必要があります。そのような対応が必要と思われる要素には以下のようなものがあります。

データのオーナーシップと保護、プライバシーの問題

　様々なデータを取得するため、それらのデータがそもそも誰のものであるのか、削除や使用停止についての決定権は誰にあるのかなどの問題が顕在化しつつあります。クルマの場合、オーナーとユーザーが異なったり複数ユーザーでの共同利用がなされることは多く、今後所有から利用に変化するに伴ってこの問題は複雑化すると思われます。データの所有権に関しては、そもそもそのデータを発した人や場所に紐づいて権利を付与されるべきものであるのか、それともそのデータに価値を見出し、収集した人のものであるべきなのかなど、現在議論が分かれています。

サービスの利用期間や契約の考え方

　上記に関連しますが、自動運転車などの場合、自動運転機能は契約に基づいて発動する機能なのか否か、新車販売時や中古車販売時に業者の手元にあるときはその業者にサービスの利用契約を求めるのか、などは、データ収集やそのデータの使用許諾などともかかわって整理が必要になる問題です。

3-1-3　高度化・細分化するデマンドをスピーディーに実現する仕組み

3-1-3-1　コネクティッド基盤のシステム開発に必要な変化とあるべき体制

■ システム構成要素のライフサイクルの違い

　次に、第2のポイントである「高度化・細分化するデマンドをスピーディーに実現する仕組み」について考えてみます。モビリティー関連サービスを事業化し、クルマ事業との間に相乗効果を生み、双方で競争力を保っていくためには、先述の通り常に最新化され競争力を保ち続けられるコネクティッドプラットフォームが必要です。

しかし、実際にはこれら多くの部品を常に最新化し続け、クルマに搭載し続けるということは簡単ではありません。というのも、クルマメーカーにとって、この問題は現在までにマルチメディアとテレマティクスサービスの開発経緯の中で、ある程度顕在化し、すぐに着手が可能な対策については、基本的にこれまでに対応がとられてきているためです。

しかし、今後、モビリティー関連サービスを別事業化していくためには、さらに根本的な解決が強く望まれることは事実であり、これまでとは異なる一歩踏み込んだ対策が必要になります。

ここから先は、これまでにとられてきた対策の限界と、そのさらに先へ進むための対策としてどのようなことが必要になるのかについて記載していきます。ただし、そのためには、まずはじめにクルマメーカーにおいて、これまでに取り組まれてきたコネクティッド化の過程において、大きな課題となってきたシステム構成要素間のライフサイクルの違い、ということを理解する必要がありますので、まずはその内容について記載します。

先ほど示したように、コネクティッドカーには非常に多くのシステム構成要素が存在し、それらの要素はそれぞれライフサイクルが異なります。ライフサイクルの違いには、「利用期間の違い」「販売期間の違い」の2種類があります。

利用期間の違い

利用期間とは、ある部品が同一仕様のまま使い続けられる期間です。システム構成要素のうち、利用期間のサイクルが最も長いのは、車載システムです。車載システムはクルマの部品であるため、商品としてお客様に販売されます。そしてその後、それをいつまで使い続けるかはお客様次第となります。通常は6〜7年、長ければ10年以上に

165

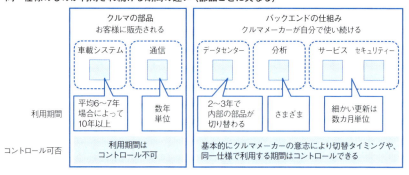

渡り、部品を載せ替えることなく使用し続けられます。

　一方、データセンターや分析ツールなど、クラウド側の部品は商品でなく、モビリティー関連サービスを成立させるためのバックエンドの仕組みです。そのため、クルマメーカーが自分で使い続け、利用期間もクルマメーカーが管理できます。しかし、クルマメーカーが管理できるとはいえ、ずっと変更せずにいられるわけではありません。むしろ、データセンターやサービスなどには、デマンドや技術の進化にスピーディーに対応するため、細かい仕様変更が随時入り続けます。一つの仕様が継続的に利用される期間は短いのです。

販売期間の違い

　ライフサイクルのもう一つの違いには、販売期間の違いがあります。販売期間とは、販売現場で商品鮮度が認められ商品として売り続けられる期間ということです。

　通常、商品は一度市場に出した後、徐々に見劣りするようになります。その理由は、技術や値段、見栄えやパッケージなど様々な要素が考えられますが、要するにトレンドの変化に対し、時代遅れになるからです。

ですから、通常メーカーなどは、将来の陳腐化をある程度想定し、販売し続けられそうな期間を予測し、そのタイムリミットが来る前に資金回収や収益の見込みが立つように計画します。そして、その後は新製品を市場投入することで、事業を継続していきます。販売期間の違いとは、そのサイクルの違いのことです。

各商品の販売サイクルの長さは、基本的に競争原理に従って、最終的には市場が決めます。そのため、コネクティッドカーのように多くの部品を用いて構成されるものの場合、部品ごとに販売ライフサイクルが異なることは、十分考えられることです。特にIT業界など、従来のクルマ業界にはない部品を扱う場合、それらはクルマのために専用企画されているものではないので、販売ライフサイクルが異なることは、ごく自然なことです。

そしてそのような部品を扱い、それによって競争力を確保したい場合には、まず販売サイクルは違うことが当たり前で、コントロールできるものではないことを認識しておくことが重要です。

利用期間と販売期間の違いに対するこれまでの取り組み

利用期間と販売期間の違いについて説明しましたが、クルマメーカーにとっては、これらのことは既知のことでしょう。クルマメーカーではこれまでにカーマルチメディアや通信機、テレマティクスサービスの開発・運用の中で、これらのライフサイクルの違いに対処するため、以下のような対応を取ってきているからです。

・カーマルチメディアのライフサイクルを基本的に2年に設定し、フルモデルチェンジだけでなく、マイナーチェンジなど、より短いタイミングでも必要に応じて切替
・サービスのライフサイクルは、クルマとは独立して設定できるよ

う、専用のサービスP/Fを開発し、運用を開始

　クルマメーカーはこのような工夫をすることで、クルマ事業における
カーメーカー間の競争においては、競争力を確保すべく努力をして
きました。しかし、今後モビリティー関連サービスを別事業とするた
めには、残念ながらこれらの工夫だけでは、十分とは言えません。そ
の理由は三つあります。

・ スピーディーかつ柔軟な切替えを行うべき対象が不十分（モビリ
　 ティー関連サービスのP/Fとなる車載システムは、全て対象とすべ
　 き）
・ 切り替えタイミングが短くなっているとはいえ、クルマの切り替え
　 タイミングに縛られており、自由に設定できるわけではない
・ デマンドに応じたサービス開発や改善のサイクルを回す体制が不十
　 分

　今後は、上記のような問題を解決するために必要な工夫を、従来の
クルマ事業の伝統的な文化や手法にとらわれることなく、模索してい
くことが必要になります。

■ソフトウェア志向への移行

　これまで見たような利用期間と販売期間の違いに伴う問題点を解決
するためには、どのようなことを行えばよいでしょうか。ここから
は、そのための重要な観点となる事柄を紹介していきます。それは、
ソフトウェア志向への移行です。
　部品ごとに、ライフサイクルの違いが起き、さらに切り替えが困難
であることの大きな理由は、これまでの機能実現が、ハードに寄って

いるからです。つまり、今後のモビリティー関連サービスを考えた場合、市場や技術のトレンドの変化スピードに対し、ハードウェアで機能実現しているのではサイクルが長すぎ、遅いのです。

　今後は、本格的にハードとソフトを切り離し、ソフト主導で機能サービスの実現をし、車載システムについてもソフトの書き換えだけで、これから販売するクルマも、すでに販売された後のクルマも、できる限り多くのクルマに機能提供できるようにしていかなくてはなりません。

　つまり、今後のシステムは汎用的なハードウェアとソフトウェアを中心として実現し、販売後のP/F（クルマや車載システム）も、遠隔からソフトウェアを書き換えることでリフレッシュ可能なシステムとなることが望まれます。このようにソフトウェアやサービスを中心に据えた発想でシステム構築ができるよう、開発体制からハード中心の体制を方向転換することが必要です。

ソフトとハードの分担

　機能実現をソフトウェアで行うようになると、ハードウェアに求められることは、以下のようなことのみになります。

A：機能実現するソフトウェアを入れる器になる
B：どうしてもそのハードウェアが搭載されないと実現できない機能
　　を担う

　このうち、より重要になるのはAですが、そのような流れの中でハードウェアの部品選定に求められることは、"導入から数年間は切替えなくても、もちこたえられそうな性能"ということになります。つまり、ハードウェアの車載部品のライフサイクルは長いので、導入

当初はややオーバースペックになり、3〜4年すると世の中の標準並みのスペックになるぐらいのイメージの物を"先に見越して作る"ことが必要になります。また、収益性の観点では、当初は割が悪くてもライフを通じてであれば利益を出せる程度のコストに収まるもの、となります。

このような状況になった時、車載用ハードウェアの企画と調達に関して、クルマメーカーにとってより重要なことは、どのハードを使えばどんな機能が実現できるのかという観点ではなく、今後数年という時代進化の中で最適なスペックを見極められる目と、それをいくらで調達すれば儲かるのかを踏まえて値付けする能力になります。

一方のソフトは、与えられたハードの中でいかに必要な機能を実現していくか、ということが勝負になります。そのため、どの機能をそこに詰め込むかといった企画の観点も、ソフトが主導することになります。

半導体製品の開発と使いこなし

しかし、ハードの持つ役割のうち、B：どうしてもそのハードウェアが搭載されないと実現できない機能を担う、ということに関して、現在のトレンドにおいて重要な観点が一つあります。それは、半導体製品、中でも特に高機能・高性能なプロセッサーなど、それを用いて作り上げる完成品の機能や性能などの出来栄えに直結するような半導体製品の調達に関して、さらには開発と使いこなしについてです。

ソフトウェアと半導体を中心にモノづくりを行っていくようになると、モノづくりの最先端の現場では、半導体製品に対する要求事項がよりシビアになる傾向があります。現在では、最先端の半導体製品を必要とする分野が増え、これまでのようにゲーム・PC・スマートフォンなどの情報家電にとどまらず、クルマをはじめとする様々なモノづ

くりの中へ、その用途が広がっています。

　そのため、そのような各業界においては、必要な処理能力や品質レベルなどがそれぞれ異なり、既存の製品を汎用品として活用することでは、不都合が起きるということが起こり始めています。また、このような状況の中、半導体製品の開発競争においても、特定の用途に合わせた専用の作り込みを行うことで他社との差別化要素にしようという動きが出始めています。

　もちろん、半導体製品について、既製品・汎用品を活用するのか、それとも専用品を開発するのかといった判断は、業界や用途などによって異なります。しかし、クルマの、特に自動運転での活用を前提とした最もハイスペックなプロセッサー（例えば画像処理用のチップ）などに関しては、現在自動運転技術自体が研究開発段階であることや、IT業界からの注目度が非常に高い現状を考慮すると、今後しばらくの間については、専用品の開発が行われていく可能性も高いと思われます。

　現状の製品は、いずれも必要なスペックを満たそうとすると、消費電力や発熱、大きさ、重さなどのハード的な問題、さらにそれらを使いこなすためのソフトウェア開発環境やライブラリーの整備などのソフト的な部分の不足なども存在し、さらにコストの要素も含めると、実用に耐えるものとしては改善の余地が多分にあり、クルマ用途に最適な製品とは言い難いからです。

　このようなことが起きてきた理由は、やや繰り返しになりますが、これまでこのような半導体製品の製品開発をニーズという点で先導してきたのはPC等、他分野の製品だったことです。

　クルマはそこで作られたものから不要な部分を除き、車載部品として必要なスペックを満たすように変更された製品を活用してきました。そのため、最新の最もハイスペックなものをクルマ向けに採用す

るということは難しかったのが実情です。

　また、数の問題からクルマが半導体製品開発のメインターゲットになるということも難しく、さらにこれまではクルマ側としてもハイエンドなスペックの製品を必要としては来なかったため、このような関係性はそれほど問題ではありませんでした。

　ただし現在、ここへきて自動運転の開発においては、その傾向に変化が起き始めています。自動運転に必要なスペックは、すでに既存の半導体製品の持つスペックでは不足が起きており、特に画像処理の分野などにおいては、自動運転で必要と想定される処理能力の要求値が、他のどんな分野の要求値よりも高いといったようなことが起き始めています。

　また、現在は、IT業界からのクルマへの参入意欲が高く、クルマ向けのビジネスを獲得すべく、各社が意欲を持って臨んでいるタイミングであるために、クルマメーカーとしてはチャンスと言える状況になっています。

　つまり、クルマメーカーとしては、このような状況の中であれば、ハイエンドな半導体製品に関しては、メインターゲットとなれる可能性があるのです。ですから、クルマメーカーはこの機会をうまくとらえて、半導体製品の開発や使いこなしに関して積極的に取り組むことで、自らの求める性能を持った製品を半導体メーカーと協力して作り出せるようになる可能性があります。また、競合に対し、開発競争において、より優位な立場に立てる可能性もあります。ただし、半導体製品に関しては、非常に専門性の高い領域であるので、そのようなことを行うためには十分に能力のあるメーカーと協力関係を模索することが必要不可欠です。

　このようにして、各業界のモノづくりのメーカーと半導体製品のメーカーが協力関係を持つことは、研究開発の最先端で起こり始めて

いることであり、各業界に積極的に情報技術を取り込みつつある研究
開発の過程である現在においては、ある意味で当然の流れであるとも
いえます。各業界のモノづくりのメーカーとしては、半導体製品の開
発段階からかかわりを持ち、より自らの要求に合う、よい製品を手に
入れようとし、一方の半導体製品のメーカーはその業界への理解を深
め、よりよい製品を作り出すことで業界内でのポジション獲得に役立
てようとすること自体は、クルマのみならず、様々な業界においてす
でに起き、トレンドとなっていることなのです。

　しかし、ここで注意が必要なこととしては、クルマ向けの専用品の
開発であるからといって、クルマ向けにしか用途が持ちえないような
モノづくりを行ってはならないという点です。クルマメーカーも半導
体メーカーも、互いにクルマからの最も高い要求を受けてそれを実現
できるような半導体製品の開発を目指しますが、それは後々、そこか
ら若干の不要な要素を除く程度の変更で、スマートフォンやPC、
ゲーム、さらには、医療機器や産機、建機、農機など、より広い分野
でも問題なく活用できるような製品に仕上げていくことが重要です。

　つまり、これまでPCなどが製品開発の先導役を担い、クルマはそ
こで作られた製品を車載用にカスタマイズして利用する、という流れ
であったことをちょうど逆転して、クルマが製品開発の先導役を担
い、他の領域がそこで作られたものを活用するといった流れを作り出
すということです。もしかすると、現在からしばらくの間、研究開発
段階としてクルマ向けの要件を満たすことを先行していくのであれ
ば、ある程度他分野他への流用が難しい製品が開発されることもある
かもしれません。しかし、長期的にはそれらの専用品は「クルマ向け
の要件が織り込まれた汎用品」として洗練され、世の中に広く出回る
ものになっていくべきなのです。

　あくまでも、数の面ではクルマは少数であるということを意識し、

それでもなお、現在の優位なポジションをうまく利用して必要な製品を手に入れるためためには、そのような観点を持って取り組むことが必須です。そのことができなければ、そこで作られた製品は必ずガラパゴス化し、長い目で見た場合の競争力確保や適切なコストなどを実現することはできません。

機能実現のソフトウェア化と進化スピード、製品の作り分けの関係性

　実際にこのようなソフトウェアでの機能実現やそれを成り立たせるためのハードの調達に関する競争は、すでに他の業界で先行して取り組みが進んでおり、情報技術の取り込みが進んだモノづくりにおいては、すでにしばらく前からのトレンドとなっている事柄です。

　情報家電などでは、すでにソフトウェアによって機能実現が行われている部分が多くなっており、そのことに連動して商品サービスの進化のスピードはより速くなっています。また、半導体製品の進化をどれだけ早く取り込んで、これまでには実現できなかったような機能やサービスを新たに実現させるかということも、競争上の重要なポイントになっています。

　IT系の商品サービス、つまり情報家電やそこで動くアプリケーションは、たとえベータ版であっても、新しいものを常に早く世の中に出し続ける、そしてリリースした後に多くのユーザーに使われる中で改善のためのアップデートを繰り返して製品をよりよくし続けていく、という手法をとっています。そこでは、品質に関する考え方が、クルマとはまったく異なっており、クルマメーカーのような品質の作り込みを行う業界から見ると驚異的でしょう。

　しかし現実として、このような商品サービスと、その文化に慣れ親しんでいる消費者は増え続けており、そのようなことに起因して世の

中の商品サービスに対する進化のスピード感が格段に速められていることは事実です。

　一方、このように機能をソフトウェアで実現することができ、ラインナップの差が主に機能と性能で成り立っているような商品では、現在すでに商品ラインナップの作り分けも、ソフトウェアで行われる部分が増えています。つまり、多くの製品において、製品の開発や生産過程において、ある程度ハイスペックな半導体に対し、基本的なソフトウェアはプリインストールしておく形で量産し、販売段階でどれをアクティベートするかによって、最終的な価格を分けていくといったアプローチがとられ始めているのです。

　今後の商品サービスの開発において、スピード感と同様に重要な要素となるユーザーデマンドの高度化・細分化への対応という点でも、ソフトウェアによる機能実現はメリットのある事柄であるといえます。

■開発・運用体制

　それでは次に、このようなシステムを実現するための開発・運用体制とはどのようなものであるべきかを考えてみましょう。先に記載した通り、コネクティッドカーのシステム構成要素としては非常に多くの部品が存在しています。そして、それらは、ソフトウェアであったり、ハードウェアであったり、さらにハードウェアの中でも、先に記載したような最先端の物を導入し続けることで競争力を保つ類の製品もあれば、できるだけ安く既存の汎用品を購入することでメリットが大きくなる製品もあり、非常に様々な個性を持っています。

　このような中において、それらの部品を使いこなし、実際にやりたいことを実現していくためには、それなりに工夫のある開発・運用体制を組み立てていく必要があります。具体的には、開発・運用の仕事

には、「やりたいこと」軸と、「部品」軸といった異なる二つの軸によって技術を捉えるチームが必要で、さらにその2軸を掛け算し、全体のシステムアーキテクチャーがどうあるべきかを考えるチームも必要です。

①機能・サービス単位で開発に関わる「やりたいこと」軸のチーム
②システム構成要素（部品）ごとに専門の開発チーム
③システムアーキテクチャーを常に最適な状態に進化させ続けるチーム

　ここから先は、これらのチームの役割と関わり方について記載していきます。

①機能・サービス単位で開発に関わる
　「やりたいこと」軸のチーム
　まず、必要になるのは、サービスや機能など「やりたいこと」からの発想で、必要なシステム構成や部品に対する要件などを考えるチームです。このチームでやるべきことは、大きく2点あります。
　一つは、クルマメーカーが自ら提供したいモビリティー関連サービスのために、最適な技術を追求することです。必要なシステムを各サービスごとにしっかりと検討し、部品やシステム構成などへの要件に落とし込むことが必要です。例えば、スマートフォンの場合、通話

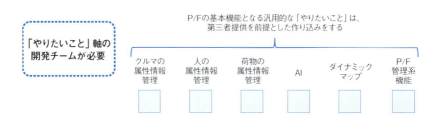

やメール、音楽・動画再生など、スマートフォンの基本機能として準備される機能がいくつかあります。それらは、アプリ層以上でだけ作り込まれるのではなく、ハードやミドルウエアなどスマートフォンそのものの作り込みにそもそもの要件を与えて開発、実現される重要な機能です。

クルマメーカーがモビリティー関連サービス事業を行う上でも、同様にクルマやインフラのつくりに根本的な影響を与えて作り込まれる核となる機能やサービスが考えられると思いますので、まずはそれらを前提として、基本的なアーキテクチャーから部品までハード・ソフトを問わず、検討がなされるべきです。この時に、実現したいサービスや機能の要件をしっかりと織り込むことが重要です。

そしてもう一つは、それらの開発アイテムの中で、P/Fの基本機能として定義されている事柄に関しては、クルマメーカーだけでなく第三者のサービサーも利用可能なものとして、その部分は作り分けておくことです。このように、「やりたいこと」軸の開発メンバーは、企画からの要件を技術に落とし込み実現する、という観点で重要な役割を担います。

②システム構成要素（部品）ごとに専門の開発チーム

しかし、モビリティー関連サービスを実現するためのシステムは非常に大規模で、多岐に渡る分野の技術を必要とします。先述の通り、

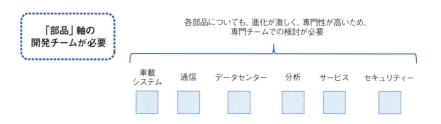

モビリティー関連サービスを構成するシステム構成要素には、車載システムや通信、データセンター、分析機能、サービス、セキュリティーなどがありますが、そのほぼすべてが、現在激しい進化の最中にあり、プロセッサーの計算速度、ネットワーク容量やスピードなど、システムを構成するあらゆる要素は目まぐるしく変化しています。

　そしてそれらの変化により、扱えるデータの量や速度、コストなどが劇的に変化し、サービスの競争力や実現性が大きく左右されます。つまり、技術を取り込むスピードの違いが、「やりたいこと」を"やれるか・やれないか"に直結する世界になっているのです。

　そのため、これらの動向について常にウォッチし、いつどのような変化が起きるのか、そしてそれをシステムに取り込むためにはどの程度の費用がかかり、どのような手順が必要なのかなどを、部品ごとに正確に把握することが非常に重要で、そのようなことを行うためには、専門チームが必要です。

③システムアーキテクチャーを
　常に最適な状態に進化させ続けるチーム

　しかし実際には、このような大規模で複雑なシステムの場合、ある効果を狙って特定の技術を部分的に取り込んでも、十分な効果を得られなかったり、他の領域で不具合が生じたり、全体に非効率になったりします。

　例えば、サービスの実現に必要なデータ量が多く、ネットワークが貧弱な場合は、車載システムや通信基地局などのエッジ側で、ある程度のデータを一定期間保持し、圧縮やデータ選抜をする必要があります。しかし、用途によってはデータのリアルタイム性が求められたり、AI学習ではデータの圧縮や選抜が学習結果に支障をきたさない

ための工夫が必要になるなど、システム全体での影響や対策の是非を検討する必要もあります。

一方、ネットワークが高速化、大容量化すれば、このような工夫は必要なく、全データをアップロードすることが可能かもしれませんが、その分通信費が膨大になったり、データセンター側でそれらのデータを蓄積、処理するための追加投資を行う必要性が生じるでしょう。

このように、システム変更は常にシステム全体観を持ってアーキテクチャーの視点から費用対効果も考慮の上、最適解を検討されるべきです。システムアーキテクチャーの最適化は非常に複雑で高度な業務ですが、これらをいかにスピーディーにこなし続けられるかは、現在すでに情報サービスの領域における競争のポイントになっており、十分な対応が必須です。

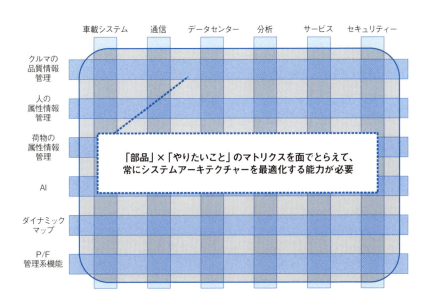

3-1-3-2 用途に応じたインテリアと車載装備のフレキシビリティー

　ここまで、主に、コネクティッドカーにおいて共通的に準備していくプラットフォーム、基盤に関してその在り方を記載してきました。しかし、コネクティッドカーとそれを用いたモビリティー関連サービスをより魅力的なものにするためには、これだけでは十分ではありません。

　1章で記載の通り、モノづくりにおけるトレンドの一つには、ユーザーのニーズに対してどれだけピッタリな個別最適化されたものを供給できるかといったことが大きな要素として存在します。もちろん、先述の通り、ソフトウェアによる機能実現でも、機能面の作り分けは可能です。しかし、クルマという製品を見た場合に、その魅力はソフトウェアで実現できる部分にすべて集約されるでしょうか。おそらく、答えはノーであると思われます。

　クルマにおいても、主にエクステリアやインテリアを構成する要素には、ソフトウェアにはない魅力の表現や使い勝手に関する対応が残り、そのようなものが、モビリティー関連サービスにおいて重要な意味を成すことがあると思われます。ここから先は、そのような「モノ」としてのクルマの作り分けに関して、コネクティッド化ということからはやや離れますが、今後考えられる事柄を参考として少しだけ記載していこうと思います。

■ モノとしての付加価値は個別最適へ

　見栄えやメカ的な部分のカスタマイズやオーダーメイドなど、従来コスト面などの理由で、現実的には商品化が困難であった領域に関して、現在マスカスタマイズというキーワードでくくられる技術の集合によって実現の見込みが立ち始めています。このようなトレンドは、

クルマのモノづくりにも影響を与えると思われ、今後の付加価値領域
として注目されます。

　現在、よく引き合いに出されている実験的な事例としては、クルマ
のエクステリアやインテリアの造形を、消費者があらかじめ準備され
た設計ツールを活用して、パラメータ変更などによりカスタマイズ
し、好みのものに仕上げていくようなものがあります。

　こういったマスカスタマイゼーションへの取り組みは、今後特に趣
味の領域となるスポーツ系のカスタムや、ハイエンドな高級車の特別
感など、個人向けの演出として付加価値を上げたり、もう少し大規模
なものとしては、グローバルモデル車のような非常に多くの数を販売
するような車両の各地域別の好みに合わせた作り込み、特別仕様車の
開発などに活用されると思われます。

■用途に応じた作り分け

　しかし、モビリティー関連サービスに関わる戦略という文脈に沿っ
て考えると、より重要なことは2章の中でも記載した通り、個人の好
みに合わせた作り込みではなく、用途に応じた作り分けです。

　用途に応じた作り分けという意味では、3Dプリンターを活用した
エクステリアパーツなどよりは、主要な要素はクルマに搭載される装
備や設備のレベルでの作り分けになるでしょう。こういった作り分け
は、厳密には今後のトレンドであるマスカスタマイズとは技術やその
意義が異なるものですが、顧客から見た場合に実現される価値として
は共通するものがあります。

　例えば、レジャー用途のミニバンのようなクルマがあったとして、
そのようなクルマをシェアリング事業などで活用する場合、夏と冬で
は需要の高いレジャーの内容が異なるため喜ばれる車両装備が異なり
ます。夏季はキャンプや海遊びなど屋外でのレジャーをより便利にす

るために、冷蔵庫や虫よけ、日よけ、フルフラットになり防水性のあるシートなどといった仕様があれば差別化が図れるかもしれません。

　一方で、春先の引っ越しシーズンなどでは、乗車人数は1人でよく、あとはできるだけ荷物を載せたいといったような季節限定の特殊なニーズも考えられるでしょう。このような場合には、運転席以外のシートを取り外してしまえるような車両があると良いのかもしれません。

　また、同じようなシェアリングカーであっても、街中でバスやタクシーの代わりに利用されるようなライドシェアカーなどの場合は、乗車人数も絞り込み、できるだけ小さなボディで小回りを利かせて走行できるような最小限に仕様をそぎ落としたクルマを低価格で提供できることが最も重要なことになるかもしれません。

　さらに、特定の業界や事業に直結したクルマの供給という意味合いでは、シェアリングとは異なるリースのような提供方法で活用が増える可能性も考慮できます。例えば、オフィス街でのランチの需要で現在人気の高まっているテイクアウトランチなど、フードサービスのための車両がありますが、このようなクルマの場合、簡単な調理用の設備や特大の食材格納スペース、破棄物の収納スペースなどが必要になり、事業に合わせて個別最適な作り込みが必要になるでしょう。このような場合は、店舗としての見栄えなども重要になり、先述のようなまさにマスカスタマイズの手法を用いたエクステリアのカスタマイズなども求められるかもしれません。

■企画・生産拠点と車両開発プロセスの変化

　用途によるニーズの違いを踏まえて、適切な車両提供を実現するためには、クルマには従来よりも柔軟性の高いフレキシブルな作りが求められるでしょう。例えば、サイズや走行性能、パワートレインなど

による基本的な違いを持った複数のベース車両を開発し、それらを半完成車のような状態でラインナップ化しておき、さらにその上に載せられるアレンジ部品についても同時に準備し、提供するといったような作り方、売り方が考えられるでしょう。

　具体的にそのようなことを実現するためには、ベース車両のグローバルなアーキテクチャーは単一かつ共通なままにしておき、各地域やセグメントごとに必要なカスタマイズ仕様を取り込んでいけるようなシステムを作り出すことが必要です。注意しなければならないことは、作り分けをするということはアーキテクチャや車両プラットフォームからして異なるものにするという意味ではないということです。このような考え方は、ハードウェアによる作り分けの場合もソフトウェアによる作り分けの場合にも、共通です。

　また一般的に、マスカスタマイゼーションのモノづくりでは、商品の企画と最終的な商品の完成は、市場の近くで行われる方が効率がよく、最適化が図りやすいという特性があるので、クルマのモノづくりに関しても、今まで以上に企画と生産についてはグローバル本社と市場の近隣拠点との間で役割分担が発生する可能性があります。例えば、先に示した基本的な車両プラットフォームの企画や生産はグローバル本社サイドで一括して行い、それを用いた最終的な完成品づくりについては、企画・生産とも市場に近接した拠点で行うといったような分担です。実際には、クルマの場合、国産化率の規制など生産拠点に関する法規があり、関税などとも密接に関係することから困難もあると思われますが、方向性としてはこのような考え方が取り込まれていく部分もあると思われます。

　しかし、ここで重要な点は、これらの役割分担を行うような場合について、それでもなおメーカーが自らそのクオリティーや、最終的に販売されるクルマの仕様を自ら把握・コントロールできる状態を作る

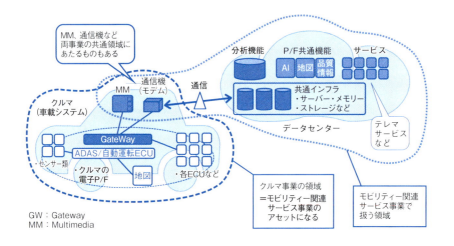

GW：Gateway
MM：Multimedia

ことです。クルマは他の製品以上に、最終的な完成品としての安全性や評価などの問題がクリアされる必要があり、この点は現在のクルマメーカーの強みの一つであり死守すべき点です。また、ニーズの変化に応じて、ベース車両やそのアーキテクチャー、適合部品の企画開発を適切に行うことは必ず必要で、そのためにも各市場で最終的にどのような仕様の車両がどの程度販売されているかをクルマメーカーが把握し、必要なコントロールができるようにしておく必要性があります。

3-2 事業管理

3-2-1 システムと事業管理の関係性

これまでに記載してきたように、戦略実現に必要なコネクティッドカーを作り上げるためには、非常に根本的なシステム変更と、そのた

めの企画・開発・運用体制の再構築が必要になります。そのようなことを行う場合には、当然ながら大規模な投資と、それらの回収計画が必要になります。本書の最後には、そのような事業管理の観点で必要になる事柄について記載していこうと思います。

■各システム構成要素の事業上の位置付け

はじめに、コネクティッドカーのシステム構成要素が、どのように事業の管理と結びつくかということを、ごく簡単に確認しましょう。まず、コネクティッドカーのシステム構成要素のうち、"車載システム"は、コネクティッドカー＝クルマ事業の商品、の構成部品です。ですから、それらはクルマ事業の領域でコストとして扱われ費用回収されるべきです。クルマ事業の観点では、今後のコネクティッドカーは、これらの車載システムを積んでもなお、クルマ事業の商品として十分に売れる魅力的な商品でなければなりません。

一方、モビリティー関連サービスの観点では、コネクティッドカーはストックビジネスの初期投資分＝アセット、つまりモビリティー関連サービスの提供を行うためのインストールベースとなるため、普及率を上げ、十分な数とシェアを確保する必要があります。ですから、クルマ事業でコストを重視するあまりに、モビリティー関連サービスの提供に必要な車載システムの搭載が進まない、必要な機能が実現されていない、などの事態も避けなければなりません。

このような二つの事業の関係性は、クルマメーカーが今後あるべき体制を検討し、クルマ事業とモビリティー関連サービス事業をうまく独立させ両立させていく上で重要なポイントになるため、よく理解し、踏まえておく必要があります。

185

3-2-2 戦略実現に向けた事業管理の在り方

このような状況を踏まえると、戦略を実現していくためには、事業管理に関しても、以下の三つの観点による体制の整備が必要になります。

①クルマ事業における投資と費用回収計画の管理
②モビリティー関連サービス事業の事業管理を新規に始める
③クルマ事業とモビリティーサービス事業の総合管理

■①クルマ事業における投資と費用回収計画の管理

コネクティッドカーを量産化する際に、先に示したようなライフサイクルが異なる部品について、経理的にどのような整理を行って、投資回収計画を成立させるかといった問題は、すでに顕在化している検討課題です。

従来のクルマ開発における投資回収の考え方は、開発費はその部品の代金として部品メーカーから請求され、クルマメーカーの中では原価として計上され、最終的にクルマの販売価格で回収されるというものです。この考え方は、クルマと部品は商品ライフサイクルが一致しているという前提があるために成立します。クルマの部品はクルマと同時に流通を開始し、基本的にクルマの販売終了に伴い、流通が終了します。

しかし、ソフトウェア化するなどして、部品のライフサイクルをクルマと分けて考えようとすると、これまでの考え方ではコスト回収計画が立てられません。また、定常的に規模拡張と更新が必要になるサービスアプリケーションや、データセンターの費用についても同様のことが言えます。いずれも、どのクルマのどのモデルの原価にすべ

きかを判断することが難しいからです。このような状況では、それらの費用はクルマの原価管理の外で検討するしか方法がなくなるでしょう。

このように、これまではクルマの原価管理やクルマ事業の枠組みの中で考えてきた費用についても、今後はそのままでよいのかどうか、事業上の位置付けやビジネスモデルと合わせて、あるべき姿を根本的に考え直していく必要性があります。クルマメーカーは今後、自身の商品がコネクティッドカーへと変化していく過程において、このような点をうまく整理していくことが必要です。

■②モビリティー関連サービス事業の事業管理を新規に始める

一方、新たに事業化を進めるモビリティー関連サービス事業についても、事業管理の観点が必要です。重要なことの一つに、販売価格の考え方をこれまでとは大きく変える必要性が生じるということがあります。従来クルマ事業においては、基本的に1物1価の考え方をしていましたが、このようなサービス事業において、その考え方はなじみません。

そもそも、ストックビジネスでは、全体にかかる費用の多くを予めアセットとして先行投資します。さらにその一部をクルマ事業でも負担するような考え方をすると、そもそも一つのサービスやデータにかかるコストを厳密に算出することなどできません。そのため、「大きな財布で事業全体の成立性を判断する」考え方を採用せざるを得なくなります。

また、利益を最大化するためには、1の投資をできるだけ多くのビジネス、多くの収入につなげていく考え方、つまり相手のビジネス規模に応じて、収入を変えるというような考え方や、すでにあるサービスでコスト回収されている資産を再利用して、多くのパートナーから

コストをかけずに何重にも収益を得るような考え方が必要になるのです。モビリティー関連サービスの事業管理では、このような考え方の整理から始める必要があり、システム検討同様に重要な業務となります。

■③クルマ事業とモビリティーサービス事業の総合管理

さらにもう一つ、必要となる管理体制は、フロービジネスとしてのクルマ事業と、ストックビジネスとしてのモビリティー関連サービス事業の両者を統合的に見ることができる管理体制です。

クルマ事業とモビリティー関連サービスを独立させ、両立させていくためには、両事業の関係性を理解した上で物事を判断し、それぞれに対する適切な経営資源の配分や、利益計画を立てていくことが重要です。というのは、先述の通り、モビリティー関連サービスがストックビジネスとして、クルマ事業の結果得られるコネクティッドカーをアセットとして活用する場合には、クルマ事業の中で、どれだけコネクティッドカーを世の中に普及させられるかが非常に重要になります。

例えば、クルマ事業単体で見た場合には、コネクティビティーやサービスP/Fなどのコストは、車格や地域によっては不要と思われるような場合でも、モビリティー関連サービス事業の観点からは、アセットを十分に充実させるための初期投資にあたる部分なので投資を惜しむべきではありません。このような経営的な判断は、クルマ事業とモビリティー関連サービス事業の双方をバラバラに管理しているだけではできません。

まとめ

・今後は情報技術があらゆる技術の基盤となり、社会のインフラになっていく。この変革は「第4次産業革命」と呼ばれ、ここで重要なポジションをおさえた勢力が、今後の世界を席巻する見込み

・データ主導型社会への移行は、社会と個人のライフスタイルにも影響を与える見込み

・モノと人の移動における変化も想定される。特にモノの移動に関しては、材料・モノづくり、農業・フードビジネスの分野の影響により、物流の在り方が大きく変わる可能性があり、クルマに対するユーザーの価値観や使われ方も大きく変化する

・企業はこのような変革の中、利益確保とその存続をかけて、データ主導型社会の基盤を構成するポジション獲得、および社会や個人のニーズの変化を捉えた価値提供の双方に取り組むことが重要となる

・クルマの進化は、このようなデータ主導型社会への移行というグローバルトレンドの一部分

・「100年に1度」と言われるクルマの変革は、既存のクルマメーカーのみならず、他業種やベンチャーなど新規参入プレイヤーにとって大きなチャンス

・主導的ポジションと利益確保のため、クルマメーカーが死守すべき

ことは「デマンドデータ」と「デマンドを製品化する力」である

・一方で、今後はクルマそのもののモノ売りでは利益が出なくなり、クルマを利用する"モビリティー関連サービス"こそが、残された利益創出の源泉であると予測されている

・モビリティー関連サービス市場の拡大をチャンスと捉えて成長する場合、情報技術の取り込み過程で起きる水平プレイヤーとのかかわり方がカギとなる。そこでは、競争・協業領域を見定めた水平プレイヤーとの関係構築が重要な課題となる

・モビリティー関連サービスを、クルマの付加価値とするのではなく、そこで利益を上げていくためには、従来のテレマティクスサービスとは位置付けを変え、クルマ事業とは別事業化すべき

・また、利益の最大化のためには、クルマ事業とモビリティー関連サービス事業の相乗効果を狙う戦略が重要

・相乗効果は、モビリティー関連サービス事業のマネーフローをコネクティッドカーをアセットとしたストックビジネスとすること、また事業領域の選択に際しては、水平と垂直の交点を握り、相互にメリットが出せる領域とすることで得られる

・さらに、戦略実現のためには、システムと事業の在り方を従来の方法から大胆に変化させる必要がある

・システム面では、「ビッグデータ・AI活用を前提としたデータ収集

の仕組み」と、「高度化・細分化するデマンドをスピーディーに実現する仕組み」が重要

・特にデータ収集段階では、ビッグデータ・AI活用を前提としてデータの整合と正規化を行うことが必須であり、インカーでは車両の電子P/Fレベルからの要件織り込みが必要

・また、ソフトウェア志向への移行を促していくことと、それに関わってソフトとハードの分離、ソフトによる機能実現、さらにモノによっては半導体製品そのものの研究開発にも関与が必要な可能性もある

・高度化・細分化するデマンドへの対応の観点では、ソフトウェアと半導体製品によるモノづくりへの移行とあわせて、クルマならではの領域として用途に応じたインテリアと車載装備のフレキシビリティーを備えた車両開発スキームの構築も必要

おわりに

　この本を最後までお読みいただき、どうもありがとうございます。

　本書をお読みいただくとお分りいただける通り、今回私たちは「コネクティッドカーというキーワードの深堀り」を行うことにより、コネクティッドカーの持つクルマメーカーにとっての生き残りをかけた重要な意義と、社会にもたらすことのできる有意義な価値について、企画構想のシミュレーションを行い、私たちなりの結論を得ることができました。

　また、コネクティッドカーということが、アウトカーの領域の出来事ばかりではなく、その実現過程においては、インカーのありさまにも大きな変化を求めるものであり、車載部品を中心に扱うサプライヤーとしての我々のビジネスにとっても、将来、直接的な影響が及ぶ可能性のあることという理解に至りました。

　そのような理解を経た今となっては、コネクティッドカーが自動運転や電動化、シェアリングエコノミーへの対応など、クルマの変革として挙げられている他の要素と同時に、むしろそれらを実現する手段として先行して確実に進むことが、クルマの未来にとって非常に重要であるということを実感いたします。

　現在、クルマ業界では、100年に1度といわれる変革期を迎え、様々な技術開発およびビジネス検討が進められています。

　このような中、弊社もクルマ業界を構成する一員として、平素より様々なクルマメーカー様やサプライヤー様とお話をさせていただいておりますが、そうした中で感じることは、弊社社員を含め、現在起こっているこの変革の全体像はあまりに規模が大きく、それぞれの部署で細分化されたミッションを負いながら理解するには、範囲が広す

ぎて非常に困難であるということです。

　実際に、弊社の取引先である部品メーカー様などからは、クルマメーカーにより近い立場の商社として、全体観や将来観を持った方向性の検討や議論などを一緒に進めてほしいといったリクエストがあります。また、システムサプライヤー様などと、これまでにないアウトカー領域への取り組みが今後どのように進められるべきかといった議論をさせていただく機会も増えております。さらに、クルマメーカー様とのお話の中でも、クルマビジネス全体の展望について、将来のビジネスの方向性やその場合に必要となる技術やシステムやビジネスモデルなどについての意見交換などをする機会が多くなっております。

　そのような機会があるたびに、皆様それぞれのお立場で、今起こっていること、さらに今後起こることを理解するために尽力されていると感じ、弊社も含め、そのような努力が今クルマ業界に関わるすべての個人にとって必要なことであると感じます。

　実際のところ、本書にまとめた内容と、その前提となったコネクティッドカーの深堀りも、そのようなクルマのサプライチェーンを構成する様々な方々とこれまでかわしてきた議論の積み重ねの中で必要性を感じ、進めてきた事柄です。

　そのため、それらの議論がある程度進められ、様々なお立場の方々の意見を伺いながらも、総じてこのような意味合いではなかろうかという整理を行うことができた段階で、これを機会にクルマビジネスの将来像としてまとめてご紹介できたらという思いに至りました。

　将来予測を含む内容のため、様々な考え、それぞれの立場で実際にとるべき戦略は様々かと思いますが、それでも現在、クルマを取り巻く外部環境認識や脅威、ビジネスチャンスなどといった要素には、少なくとも日本のカーメーカー様には共通するものがあると思われます。

さらに、そういった予測や脅威やチャンスを念頭においた場合、家電業界やIT業界で起きているビジネス変革などを先行事例として参考にしますと、クルマ業界に起こりうる様々な可能性は、ある程度推測できると思われます。

ネクスティ エレクトロニクスは、昨年4月に旧豊通エレクトロニクスと旧トーメンエレクトロニクスが統合して誕生したエレクトロニクス分野の専門商社です。中でも、オートモーティブ部門は、車載ハードの流通を中心としつつも、クルマ業界の皆様の様々なニーズをいただきながら、品質管理やソフト開発にも領域を広げ育てていただき、おかげさまで順調にオート分野での成長を遂げております。

その過程において我々は、特にクルマメーカー様、システムサプライヤー様から多くのビジネス上のリクエストをいただき、また商社という商売柄、海外を中心に多岐に渡るジャンルの多くの部品メーカー様ともお話をし続けていく中で、新たな知見を得る機会にも恵まれてきました。

さらに、カーエレクトロニクスを軸に、家電や産業機器、通信、アミューズメントなど、より広範囲なエレクトロニクス分野をビジネスフィールドとしているため、異分野の方々ともお話をさせていただく機会も多くあります。そのため、より広い視野でオート分野を捉えることも可能です。

このように、様々な立場の方とお会いし、意見やリクエストをいただき、議論させていただく機会を豊富に得てきた我々が、これまでの知見の積み重ねをまとめ、皆様にフィードバックさせていただくことで、すでに各社で進められている様々な議論の一助になることができればと思います。

最後になりましたが、この機に新たに多くの意見交換をさせていた

だきましたクルマメーカー様、サプライヤー様には厚くお礼申し上げます。また、我々のレポートをこのように素敵な本に仕上げてくださいました日経BPの編集部の皆様にも深く感謝いたします。本当にありがとうございました。

　今後も、ネクスティ エレクトロニクスは商社という立場を生かして、クルマ業界の皆様にとって有意義な出会いを新たな機能や技術としてアグレッシブにご提供し、皆様の発展をともに支えられる企業でありたいと思います。

　また将来、このようなコネクティッドカーが実現され、クルマが今以上に一段と便利で楽しく、人々の生活に密着したパートナーといえるものであり続けることができ、さらにそのようなことを通じて人とモノの移動がよりいっそう自由で、快適なものでありつづける世の中を作り出すことができればと、業界の一構成員として、私個人としましても強く願うところです。

ネクスティ エレクトロニクス
クルマの未来を考える会
代表　藤井 梢

コネクティッドカー戦略
日系自動車メーカー
2030年、勝者の条件

2018年8月27日　第1版第1刷発行

著　者	ネクスティ エレクトロニクス
発行者	吉田 琢也
発　行	日経BP社
発　売	日経BPマーケティング
	〒105-8308　東京都港区虎ノ門4-3-12
装　丁	松川 直也（日経BPコンサルティング）
制　作	株式会社大應
印刷・製本	図書印刷株式会社
カバー画像	Shutterstock

ⒸNEXTY Electronics Corporation 2018
Printed in Japan
ISBN　978-4-8222-9264-5

本書の無断複写・複製（コピー等）は著作権法上の例外を除き、禁じられています。購入者以外の第三者
による電子データ化および電子書籍化は、私的使用を含め一切認められていません。
本書籍に関するお問い合わせ、ご連絡は下記にて承ります。
http://nkbp.jp/booksQA